JN287994

UT UNIVERSITY OF TOKYO
Physics・4

銀河進化の謎
宇宙の果てに何をみるか

嶋作一大――[著]

東京大学出版会

Evolving Galaxies:
A Journey into the Young Universe with Large Telescopes
(UT Physics 4)
Kazuhiro SHIMASAKU
University of Tokyo Press, 2008
ISBN978-4-13-064103-6

「UT Physics」シリーズ刊行にあたって

　物理学とはどのような学問なのか，物理学の最先端ではどのような研究がおこなわれているのか——「UT Physics」は，物理学のさまざまな分野の魅力をわかりやすく紹介・解説するシリーズである．編集委員をはじめ，東京大学の教員を中心として東京大学出版会から刊行されるという意味合いをこめ「UT（University of Tokyo）Physics」と命名した．堅苦しい教科書的なものではなく，さりとて，単に雰囲気を伝えるだけに終わることは避け，論理の筋道が明確に追える，読み応えのある内容を目指している．また講座形式ではなく，1 冊ごとに完全に独立して読めるようになっている．

　対象とする読者は，大学 1, 2 年生以上の理工系学生，大学院生，研究者などで，最先端の話題でも，基本的には大学の基礎物理学程度の知識があれば読めるよう工夫している．若い世代の方々が物理学への好奇心をかきたてられるような，そして，研究者の方々には他分野ではどのような研究が進行中であり，何が重要なコンセプトとして考えられているのかという学際的な興味が湧くようなシリーズにしたいと願っている．したがって，テーマの幅も，基礎的なものから最先端の話題まで，魅力あるものを広くとりあげていく予定である．

　物理学というものは，知れば知るほど，その奥深さがみえてくると同時にさらなる知的興味を駆り立てられる学問である．本シリーズを通じて，この楽しみを物理学者にとどまらず，広い読者の方々と少しでも共有できれば，編集委員としてこれに勝る喜びはない．

編集委員：青木秀夫，風間洋一，佐野雅己，須藤　靖

はじめに

　月のない晴れた夜，都市の灯りからじゅうぶん離れた所で星空を見上げると，そこに淡く太い光の帯が懸かっているのがわかる．天の川である．高い山や離島で見る天の川は，夜空の主役といえるほど雄大である．今からほぼ400年前，史上初めて望遠鏡を空に向けたガリレオは，天の川が無数の暗い星でできていることを知った．天の川の実体は円盤状に分布した2000億個の星の大集団であり，太陽を含むすべての星はその一員である．この大集団を銀河系という．ガリレオが観測した80年後，「荒海や佐渡に横たふ天河」と詠んだ松尾芭蕉は，佐渡島と銀河系を対照するという芸当をやってのけたわけだ．

　銀河系はたいへん大きいため，実質的に宇宙のすべてであるかのようにも思われた．ところが20世紀に入ると，夜空の星々の間にたくさん見えている暗い星雲状の天体が，じつは銀河系と同じような星の大集団——銀河——であることが判明した．宇宙は銀河系を超えてはるか彼方まで広がっており，そこには銀河が無数にあることが明らかになったのである．銀河宇宙の発見である．しかも銀河宇宙には始まりがあった．なぜなら，銀河を生んだ宇宙自身が140億年前にビッグバンによって誕生したからである．誕生直後の宇宙は超高温の火の玉であり，銀河はおろかどんな天体も存在しなかった．

　現在目にしている銀河宇宙はどのようにしてできあがったのだろうか．我々自身の起源にもかかわるこの問いに答えるには，若い頃の宇宙を調べる必要がある．しかし，実際に若い宇宙を観測して銀河の歴史を実証的に研究できるようになったのは，じつはつい最近のことである．光の速さは有限なので，若い宇宙は遠い宇宙を意味する．そして，遠くを見るには大きな望遠鏡が必要である．1990年代半ばから世界のあちこちで大望遠鏡がつくられ始めた．口径8.2 mの日本のすばる望遠鏡も含まれる．それらの望遠鏡の活躍で遠い宇宙の観測が急激に進み，今や我々は宇宙の140億年の歴史の

95％近くまでさかのぼるに至っている．もっとも残りの5％は大変手ごわいのだが．

本書は，最新の観測と理論に基づいて銀河の歴史を概説したものである．若い銀河はどんな姿をしていたのか，それらがどう進化して現在の銀河宇宙をつくったのか，そもそも銀河とは何か．こういった内容をなるべく数式を使わずにお話しする．

銀河に関する新発見がときどき新聞などで報道されるが，本書を読めばそんなニュースも（ツッコミを入れられるくらい）深く理解できること請け合いである．

本書がおもな対象とするのは高校生から大学生である．そのため，内容を絞り，やさしい記述を心がけた．数式はわずかしか出てこないし，仮にそれがわからなくても内容の核心は理解できるはずである．本書の内容に飽き足らない方は，巻末にあげた教科書などを読むことをお勧めする．

本書の構成は次の通りである．1章では，いろいろな銀河の写真を見ながら銀河の魅力について考える．銀河の魅力には3つの側面がある．2章では遠方の（つまり過去の）銀河を調べる目的を述べる．3章と4章では現在の銀河の基本的な性質を概観する．これは遠方銀河を理解するための背景知識となる．5章では，ビッグバン宇宙と銀河の進化の理論を紹介する．6章では遠方銀河が実際にどんな手段で観測されているかを説明する．そして7章と8章で，遠方銀河の観測の最新の成果を紹介する．7章では遠方銀河の活動性と多様性に注目する．8章では最も遠い銀河に焦点を当てる．観測は宇宙で最初に誕生した銀河に迫ろうとしている．最後に9章で将来を展望したい．

なお，やや高度な内容や，本文とは直接関係はないがおもしろそうな話題は，コラムとして独立させた．たいていのコラムは本文に関係なく拾い読みができる．天文学の専門家の方に楽しんでもらえるものもあるかもしれない（と少し期待している）．

本書で紹介する観測結果のかなりの部分は，ひょっとしたら数年後には時代遅れになっているかもしれない．しかしそうなることは望ましいともいえる．読者の中から，将来この分野に進み本書の内容に引導を渡す方が現れることを期待している．

筆者も会員である国際天文学連合では，ガリレオの天体観測からちょうど400年にあたるのを記念して，2009年を「国際天文年」とよぶことに決めた．この年は世界中で天文に関する催しがあるだろう．このように宇宙へ関心が向こうとしているときに本書が書けたのは幸運だった．

　最後に，本書を書く機会を与えてくださり，内容について助言してくださった須藤靖氏に感謝いたします．また，東京大学出版会の丹内利香氏には執筆中大変お世話になりました．あわせて感謝いたします．

2007年9月
嶋作一大

目 次

  はじめに   v

1 銀河宇宙   1
  1.1 宇宙を彩る銀河 1
  1.2 銀河系：我々の住む銀河 2
  1.3 銀河の3つの魅力とは？ 11

2 なぜ遠くの銀河を調べるのか   13
  2.1 銀河宇宙の謎 13
    初期宇宙のさざなみ   13
    現在の宇宙はでこぼこ   16
  2.2 遠くを見れば過去が見える 17
    銀河の観測では「距離＝時間」   17
    銀河は宇宙とともに進化する   19
  2.3 遠方銀河が見えてきた 20

3 銀河は規則的であり多様である   23
  3.1 銀河はどれくらい大きいか 23
  3.2 楕円銀河と渦巻銀河 24
    楕円銀河   25
    渦巻銀河   26
    S0 銀河   28
    銀河の形態と進化   28
  3.3 暗黒物質：銀河を支配する重力源 29
  3.4 銀河の人口調査：光度関数 31
    等級とは何か   31
    バンドパス   33
    真の明るさ：絶対等級   35
    銀河の光度関数   36

3.5 隠された規則性 37
形態との相関　38
光度と内部運動の関係　42

4 銀河の集団と大規模構造　45
4.1 銀河は群れている 46
銀河群　46
銀河団　46
超銀河団　49
大規模構造　50
スローン・ディジタル・スカイ・サーベイ　53
4.2 群れ具合を記述する 55
4.3 生まれか育ちか，それが問題 58

5 宇宙と銀河の歴史　63
5.1 ビッグバン宇宙論 63
宇宙の運命を決める方程式　63
宇宙の組成　65
赤方偏移　66
赤方偏移は宇宙の年齢に対応する　69
5.2 銀河形成の理論 69
密度ゆらぎの進化とダークハローの形成　71
計算機の中に宇宙をつくる　74
バリオンの進化と銀河　76
銀河進化の理論と遠方銀河の観測　80

6 遠方銀河の観測法　83
6.1 かすかな光を捕らえる 83
6.2 遠方銀河を探し出す 87
ライマンブレークと 4000 Å ブレークに注目する方法　89
ライマン α 輝線に注目する方法　91
6.3 銀河の姿は波長で変わる 91
6.4 重力レンズ：自然がつくった望遠鏡 93
6.5 すばる望遠鏡 94

7　遠方銀河の世界　　101

7.1　銀河の青春期：星形成の最盛期 101
星形成率とは　101
星形成率の測り方　102
遠方銀河の星形成率　103
遠方銀河の星形成率密度　105

7.2　青春期の銀河の混沌とした姿 106
7.3　生まれたての銀河？ 110
7.4　ダストに隠された暗黒の銀河：楕円銀河の祖先？ 111
7.5　クェーサー：成長する超大質量ブラックホール 115
7.6　見えないダークハローを見る 119
7.7　プロジェクトS：「すばる」の遠方銀河研究 123

8　最果ての銀河　　127

8.1　銀河宇宙以前 128
宇宙の中性化：晴れ上がり　128
宇宙の暗黒時代　129
宇宙の再電離　130

8.2　宇宙再電離はいつ起こったか 132
8.3　原始のガスから生まれた星：種族IIIの星 135

9　未来に向かって　　137

9.1　残された謎 137
天体物理学　137
宇宙論　138
人間の起源　139

9.2　次世代の望遠鏡 141
9.3　五合目のつぶやき 146

付録　フリードマン方程式　　147

参考文献・引用文献　　151

索　引　　157

コラム一覧

コラム 1	宇宙マイクロ波背景放射（CMB）	15
コラム 2	途中の時代のデータがないのはなぜ？	16
コラム 3	場所と時間は分けられない	19
コラム 4	銀河の正体の解明	25
コラム 5	銀河の中はスカスカ	29
コラム 6	渦巻銀河の回転と暗黒物質	30
コラム 7	渦巻腕の真実	32
コラム 8	光年とパーセク	36
コラム 9	L-V 関係と銀河の距離の測定	44
コラム 10	なぜ銀河団の質量に上限があるのか	50
コラム 11	ハッブルの法則と銀河の赤方偏移サーベイ	57
コラム 12	原始ガスの組成：宇宙の軽元素合成	67
コラム 13	宇宙の密度は果てしなく低い	68
コラム 14	赤方偏移と後退速度	68
コラム 15	宇宙はなぜ 100 億歳なのか	70
コラム 16	地上の観測適地	98
コラム 17	すばる望遠鏡で観測するには	100
コラム 18	初期質量関数	103
コラム 19	未来の星形成率密度	106
コラム 20	大気のゆらぎを止める：補償光学	109
コラム 21	ダストとは	112
コラム 22	重い銀河ほど早く進化する	116
コラム 23	銀河の影絵：吸収線系	118
コラム 24	宇宙最強のサーチライト：ガンマ線バースト	135
コラム 25	星の種族	136
コラム 26	残存自由電子の意外な役割	136

表 0.1　本書で用いる単位，定数，記号

天文学特有の単位	
パーセク（pc）	$1\,\mathrm{pc} = 3.09 \times 10^{13}\,\mathrm{km}$
キロパーセク（kpc）	$1\,\mathrm{kpc} = 10^3\,\mathrm{pc}$
メガパーセク（Mpc）	$1\,\mathrm{Mpc} = 10^6\,\mathrm{pc}$
光年	$1\,\text{光年} = 9.46 \times 10^{12}\,\mathrm{km}$
太陽質量（$M_\odot$）	$1 M_\odot = 1.99 \times 10^{30}\,\mathrm{kg}$
太陽光度（$L_\odot$）	$1 L_\odot = 3.85 \times 10^{26}\,\mathrm{W}$

長さの単位	
オングストローム（Å）	$1\,\text{Å} = 10^{-10}\,\mathrm{m}$
ミクロン（$\mu\mathrm{m}$）	$1\,\mu\mathrm{m} = 10^{-6}\,\mathrm{m} = 10^4\,\text{Å}$

角度の単位	
角度分（$'$）	$60' = 1°$
角度秒（$''$）	$60'' = 1'$

物理定数	
光速度（c）	$2.998 \times 10^8\,\mathrm{m\,s^{-1}}$
重力定数（G）	$6.673 \times 10^{-11}\,\mathrm{N\,m^2\,kg^{-2}}$
プランク定数（h）	$6.626 \times 10^{-34}\,\mathrm{J\,s}$
陽子の質量（m_p）	$1.673 \times 10^{-27}\,\mathrm{kg}$
電子の質量（m_e）	$9.109 \times 10^{-31}\,\mathrm{kg}$

記号	
波長	λ [Å や $\mu\mathrm{m}$]
周波数	ν [Hz]
赤方偏移	z [無次元]
密度	ρ [$\mathrm{kg\,m^{-3}}$]
見かけ等級	m [mag]
絶対等級	M [mag]
ハッブル定数	H_0 [$\mathrm{km\,s^{-1}\,Mpc^{-1}}$]
密度パラメータ	Ω_M [無次元]
宇宙定数パラメータ	Ω_Λ [無次元]

1 銀河宇宙

　我々の宇宙は銀河に満ちている．望遠鏡をどの方向に向けてもたくさんの銀河が宇宙空間に浮かんでいるのがわかる．銀河は星や惑星が生まれ育つ舞台でもある．太陽も銀河系という大きな円盤状の銀河に属しており，夜空に懸かる天の川は銀河系そのものである．我々生命は銀河系の中で誕生し進化してきた．

　この章では，すばる望遠鏡やハッブル宇宙望遠鏡（Hubble Space Telescope: HST）などで撮られた銀河の写真を見ながら，銀河宇宙を実感してみよう．

1.1 宇宙を彩る銀河

　現在の宇宙にはいろいろな姿の銀河が存在している．

　図 1.1 と 1.2 は楕円形ののっぺりした銀河の例である．こういう姿の銀河は宇宙で最も古い部類の銀河だと考えられている．星の材料となる冷たいガスはほとんどなくなってしまっている．

　図 1.3-1.6 のような円盤状の銀河も多く見られる．たいていは渦巻腕をもっており，そこでは星が生まれている．渦巻腕の形や大きさは変化に富んでいる．

　アメーバのような不規則な形をした銀河もある．図 1.7，1.8 はその例である．このような銀河は概して暗いが数は非常に多い．星形成も活発である．

　異様な姿の銀河も見つかっている．図 1.9 の銀河は，図 1.1，1.2 と同様な楕円形の銀河だが，中央を太い暗黒の帯が横切っている．図 1.10 の銀河

図 1.4 メシエ 101 銀河．銀河系もこのような姿をしていると考えられている．ハッブル宇宙望遠鏡撮影 [4]．

図 1.5 NGC 1300 銀河．中心部が細長い．ハッブル宇宙望遠鏡撮影 [5]．

図 1.6 メシエ 104 銀河．円盤にダストによる黒い帯がある．渦巻腕は見られない．ハッブル宇宙望遠鏡撮影 [6]．

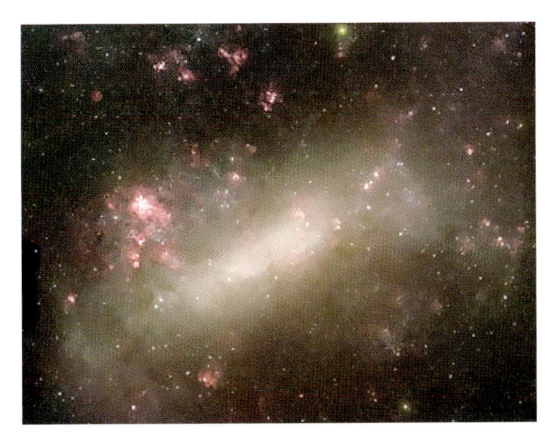

図 1.7　大マゼラン雲．点々とあるピンク色の場所では星が生まれている．アングロ・オーストラリアン観測所提供 [7]．

図 1.8　小マゼラン雲．大マゼラン雲と小マゼラン雲は銀河系の衛星銀河である．衛星銀河は他にもたくさん知られている．アングロ・オーストラリアン観測所提供 [8]．

図 1.9 ケンタウルス A 銀河.黒い帯が印象的である.この帯はダスト(光をさえぎる固体微粒子)でできている.アングロ・オーストラリアン観測所提供 [9].

図 1.10 おたまじゃくしのような銀河.ハッブル宇宙望遠鏡撮影 [10].

図 1.11　車輪のような銀河．ハッブル宇宙望遠鏡撮影 [11].

図 1.12　合体しようとしている 2 つの銀河．アンテナ銀河とよばれている有名な銀河ペアである．銀河系も隣りのアンドロメダ銀河と将来このように合体すると考えられている．ハッブル宇宙望遠鏡撮影 [12].

図 **1.13** 合体しようとしている 4 つの銀河．6 つの銀河が写っているが，中央の小さな渦巻銀河はずっと遠方にある無関係な銀河である．また，右下の淡い「銀河」は，独立した銀河ではなく，潮汐力によって 4 つの銀河のどれかがちぎれてできたものであると考えられている．ハッブル宇宙望遠鏡撮影 [13]．

図 **1.14** エイベル 1689 という銀河団．広がった天体の 1 つ 1 つが銀河である．中心部で銀河がとりわけ密集している．ハッブル宇宙望遠鏡撮影 [14]．

図 1.15　天の川の全天画像．世界地図と同様，左右が 360° 幅，上下が 180° 幅に相当する．右下に染みのように写っている 2 つの天体は大マゼラン雲と小マゼラン雲である．1950 年代にスウェーデンのルント大学でつくられたこの画像は，じつは写真をもとに精巧に描かれた絵である．ルント天文台提供 [15]．

図 1.16　銀河系を上から見た想像図．銀河系は渦巻腕をもった円盤銀河であり，太陽は円盤の端近くにある [16]．

10 | 1 銀河宇宙

図1.17 ろくぶんぎ座にある矮小銀河．銀河系の1万分の1の明るさしかない．距離が500万光年と近いので個々の星が分離できる．すばる望遠鏡撮影．国立天文台提供 [17]．

図1.18 メシエ82銀河．爆発的に星をつくっている銀河として知られている．赤いフィラメント状のものは，中心から吹き出している電離ガスである．すばる望遠鏡撮影．国立天文台提供 [18]．

1.3　銀河の3つの魅力とは？

筆者は銀河の魅力には「天体物理学」,「宇宙論」,「人間の起源」という3つの側面があると考えている（図 1.19）.

天体物理学　銀河は天体物理学的に奥が深い.

次章でくわしく述べるように，多くの銀河はきれいな渦巻型か楕円型をしている．そして，このデザインされたかのような整った姿の下には，さまざまな規則性が隠されている．

銀河という天体は多様でもある．明るさ1つとっても，球状星団[*2]に毛が生えた程度の非常に暗いものから銀河系の100倍明るいものまで，8桁以上の幅がある（図 1.17 に非常に暗い銀河の例を示す）．ダイナミックに活動している銀河も多い．図 1.18 の銀河は中心部からガスを吹き出している．

このような規則的でかつ多様な銀河は，いったいどうやってできたのだろうか．このパズルを解くには天体物理学の知識を総動員しなければいけない．

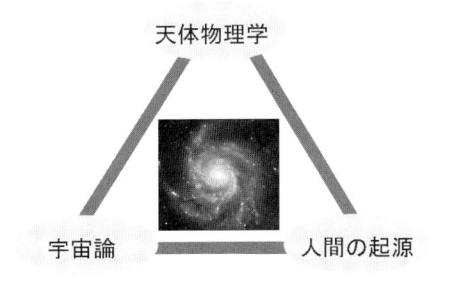

図 1.19　銀河の3つの魅力．

宇宙論　銀河は宇宙自身について教えてくれる．

たとえば，銀河を用いて宇宙の大きさや曲率を測れる．暗黒物質と暗黒エネルギーという，この宇宙を構成している謎の成分の正体を探ることもできる．銀河の分布のパターンからは誕生直後の宇宙の情報を引き出せる．そ

[*2]　数十万個の星が球形に集まった天体．銀河を取り囲むように分布しており，銀河系には150個程度見つかっている．

もそもエドウィン・ハッブルが宇宙膨張を発見したのも銀河の観測からである．銀河がなかったら宇宙論の研究はほとんど進まなかっただろう．

人間の起源　銀河を知ることは我々人間の起源を知ることでもある．
　人間は太陽系という惑星系で生まれ，太陽系は銀河系という銀河で生まれた．銀河の性質や進化の解明は，広い意味で我々の起源を知ることにつながる．
　もっと踏み込んだ考察（空想？）もできるかもしれない．たとえば，我々の住む宇宙以外に無数の宇宙がある，という予想がある．それらの宇宙では，物理定数などの「宇宙の初期条件」が，我々の宇宙とは異なっているかもしれない．初期条件が悪いと銀河はほとんど生まれないかもしれない．そんな宇宙で生命が生まれる可能性は低いだろう．どのような条件で銀河が生まれるかがわかれば，生命の存在の普遍性についてのヒントが得られるかもしれない．

　銀河が好きだという人は，単に眺めるのが好きな場合も含め，無意識のうちにこれらの魅力にひかれているのかもしれない．すなわち，銀河を見て
　—きれいだと思う人はそこに天体物理の迷路を直感し，
　—背後の闇に目がいく人は宇宙の成り立ちを知りたいと思い，
　—宇宙人を連想する人は我々の存在の不思議さが気になっている．
もちろん天文学のどの分野も多かれ少なかれこれら3つの側面をもつが，私の見るところ銀河はそれがほどよく混在している．銀河の謎を囲碁や将棋にたとえるなら，天体物理学は手筋の探究にあたり，宇宙論はルールの探究にあたるだろうか．そして，手筋やルールを調べ得る知性が現れた原因を探るのが，我々の起源の問題なのかもしれない．
　…と理屈っぽく分析してみたが，結局のところ，何となくおもしろそうだと感じさえすれば，銀河の謎解きに加わる動機としてはじゅうぶんだといえそうだ．じつは筆者も漠然とした興味から銀河を専門に選んだ．もしここまで読んで銀河のことをもっと知りたいと思ったとしたら，あなたはすでに銀河研究者と同じ場所に立っている．では次の章から銀河の謎に迫ることにしよう．

2 なぜ遠くの銀河を調べるのか

　宇宙はおよそ 140 億年前にビッグバンとよばれる超高温の火の玉として誕生し，膨張を続けて現在に至っている．したがって銀河にも始まりがあったということになる．しかし，誕生直後の宇宙は高温・高密度のガスで満たされたきわめて一様に近い世界であり，そこから現在の豊かな銀河宇宙を想像するのは難しい．

　銀河は，いつ，どのようにして生まれ，どう進化して現在の姿になったのだろうか．この現代天文学の大問題を解くには，過去の宇宙，すなわち遠方の宇宙を見なければいけない．

2.1 銀河宇宙の謎

初期宇宙のさざなみ

　生まれてまもない宇宙を見ることは現在の観測技術ではほとんど不可能だが，宇宙が 40 万歳の頃の様子だけは，例外的に知ることができる．宇宙マイクロ波背景放射（Cosmic Microwave Background: CMB）を観測するのである．

　図 2.1 は CMB の全天の温度分布を描いたものである．CMB は空のあらゆる方向からやってきており，温度が 2.725 K の黒体放射のスペクトルをしている．しかしくわしく観測してみると，方向によって温度がわずかに違

うことがわかる．図はそのわずかな温度ゆらぎ[*1]が強調して表示されている．

図 2.1 WMAP衛星によって得られた，宇宙マイクロ波背景放射（CMB）の全天の温度分布．濃淡が温度の違いを表す．NASAゴダード宇宙飛行センター提供．© Nasa and the WMAP Science Team [19].

温度ゆらぎの大きさは典型的に10万分の1程度——式で表すと$\Delta T/T \sim 10^{-5}$——である．ここでTは温度，ΔTは場所ごとの温度のばらつきである．記号$\sim$はおおざっぱな近似を意味する．10万分の1という大きさは，深さ1000 mの海にわずか1 cmのさざ波が立っているのに相当する．

じつはこの温度ゆらぎは，宇宙が40万歳だった頃の宇宙空間の密度ゆらぎ（密度分布のゆらぎ）$\Delta \rho/\rho$を反映している．ここでρは当時の平均密度，$\Delta \rho$は場所ごとの密度のばらつきである．したがって$\Delta \rho/\rho$は密度のばらつきのコントラストを意味する．CMBの観測からわかるのは，当時の宇宙がきわめて一様に近い（密度のばらつきのコントラストが低い）世界だったということである．もちろんどんな天体も存在していなかった．

CMBの温度分布にゆらぎが存在するという発見に，銀河研究者は胸をなでおろした．なぜなら，温度ゆらぎすなわち密度ゆらぎのない，完全にのっぺりした宇宙からは，どんな天体も生まれようがないからである．わずか10万分の1ではあるが，CMBには確かに温度ゆらぎが存在することがわ

[*1] 場所によって値が違うことをここではゆらぎと表現する．時間的に値が変化するという意味ではない．

── コラム 1 ● 宇宙マイクロ波背景放射（CMB）──

　ビッグバン直後の宇宙は非常に温度が高かったため，すべての原子は原子核と電子に分離した電離状態にあった[*2]．しかし，膨張によって宇宙はしだいに冷え，約 40 万歳の頃に電子と陽子が結合して中性の水素原子になった．その結果，光子は自由電子にじゃまされずに宇宙空間を直進できるようになった．このとき直進を始めた光子が約 140 億年飛び続けて地球に届いたのが，CMB である．直進を開始した当初は 3000 K の温度だったが，宇宙膨張のために波長が伸びて 2.725 K のスペクトルとして観測される．

　CMB の全天の温度分布はきわめて一様に近い．これはこれで驚くべきことである．なぜなら，40 万歳当時の宇宙の地平線（その時刻までに光が進む距離）は，天球面上の角度で 2° 程度にしかならないからである．地平線を超えた情報伝達はできないので，2° 以上離れた場所での CMB の温度はまったく異なっているほうがむしろ自然である．ところが実際は全天 360° にわたってほぼ等しい．地平線問題とよばれるこの難問は，インフレーションモデル（誕生直後の非常に短い時間に宇宙が急激に膨張したとするモデル）によって解決できる．

　CMB の温度ゆらぎの最初の測定は，COBE[*3] によって 1992 年になされた．図 2.1 は，WMAP という新しい衛星望遠鏡[*4] によるより詳細な画像である．

かった．これは銀河をはじめとする宇宙のすべての天体の種が見つかったことを意味する．この決定的な発見によって，COBE を率いた 2 人の研究者[*5]は 2006 年にノーベル物理学賞を受賞した．

　40 万歳という非常に若い宇宙には，天体は影も形もなく，ごくかすかな密度のゆらぎだけが存在した．一方で，現在の宇宙には，たくさんの銀河が存在し，その一部は銀河団のような巨大な集団をなしている．銀河の中では恒星や惑星が誕生している．

　きわめて一様に近い初期の宇宙から，現在の豊かな銀河宇宙がどのようにしてつくられたのだろうか．両者の隔りを埋めるデータと理論を手にしたとき，我々は銀河宇宙の歴史が理解できたといえるだろう．

---

*2　宇宙の原子の約 75 ％（質量比）は水素なので，原子核の大部分は単なる陽子である．

*3　Cosmic Background Explorer．CMB の詳細な観測を目的とする米国の衛星望遠鏡．1989 年に打ち上げられ，およそ 4 年間観測を行った．

*4　Wilkinson Microwave Anisotropy Probe．COBE の後継機として 2001 年に米国が打ち上げた．

*5　NASA ゴダード宇宙飛行センターのジョン・マザーと，カリフォルニア大学バークレイ校のジョージ・スムート．

> **コラム 2 ● 途中の時代のデータがないのはなぜ？**
>
> 我々は 40 万歳の宇宙の姿はすでに目にしたが，1 億歳の宇宙はまだ見ていない．10 億歳の宇宙はちらっと覗き見したにすぎず，50 億歳の宇宙すらじゅうぶんに観察したわけではない．後の時代のほうが観測しやすいはずなのになぜ？といぶかしく思われるかもしれない．これは CMB の観測が特殊なためである．
>
> CMB は電子に最後に散乱された光子なので，出た時代を正確に特定できる．つまり素性のわかっている光子である．一方，1 億歳の宇宙から出た光を夜空の光の中から選び出すのは容易ではない．光はどの時代でも生まれ得るし，CMB と違ってスペクトルの形も決まっていないからである．
>
> また，CMB は背景光であって，天体ではない．仮に 40 万歳の頃に天体があったとしたら，その観測は 1 億歳の宇宙の天体よりもはるかに困難だろう．
>
> CMB は，視線を過去に伸ばして行き当たる「光る壁」のようなものである．その先は原理的に見えない．我々は，途中の時代を飛び越えて，最後にある壁を見てしまったともいえる．

現在の宇宙はでこぼこ

CMB が出た当時の $\Delta T/T \sim 10^{-5}$ というゆらぎと比較するために，現在の宇宙の $\Delta \rho/\rho$ の値を見ておこう．それには銀河を宇宙空間のゆらぎとみなせばよい．

他の属性を無視して単純化して考えると，銀河は物質の濃い塊である．おおざっぱにいって，銀河の内部の密度は宇宙の平均密度より 3 桁ほど高い．つまり，銀河は宇宙のでこぼこ（正確には，でこ）なのである．現在の宇宙の平均密度を ρ_0，銀河の内部密度を ρ_G とすると，

$$\frac{\rho_G}{\rho_0} \sim 10^3$$

と表せる．

銀河団の内部の密度は銀河自身ほどは高くはないが（なぜなら，銀河がぎっしりと詰めこまれているわけではないから），それでも宇宙の平均密度より 2 桁ほど高い．つまり，銀河団の内部密度を ρ_C とすると $\rho_C/\rho_0 \sim 10^2$ である．また，4 章で見るように，宇宙の銀河分布には数億光年というたいへん大きいスケールの濃淡が見られる．これは大規模構造とよばれる宇宙で最大の構造物である．大規模構造の濃い部分の密度は宇宙の平均密度の数倍ある．

このように，注目するスケールによって違いはあるものの，現在の宇宙の物質分布には，数倍から 10^3 倍の濃淡がある．これは 40 万歳の頃のゆらぎより何桁も高い．宇宙は 140 億年かけてかすかな密度ゆらぎを発達させて，銀河などの構造を生み出したのである．

2.2 遠くを見れば過去が見える

銀河の観測では「距離 = 時間」

銀河の歴史を理解するには銀河の過去の姿を調べることが不可欠である．その意味で銀河の研究は，化石を調べて生物の進化を探る古生物学に似ている．ただし両者には重大な違いがあって，古生物学は死んで化石になった生物しか調べられないのに対し，銀河は過去の姿を直接見ることができる．

なぜ過去が見えるのだろうか．それは光の速さが有限だからである．ある銀河から届く光は，その銀河から我々までの距離を光が進む時間だけ過去に出た光である．そのため，遠くの銀河を観測すれば過去の姿がわかる．銀河の観測では「距離 = 時間」なのである（図 2.2）．

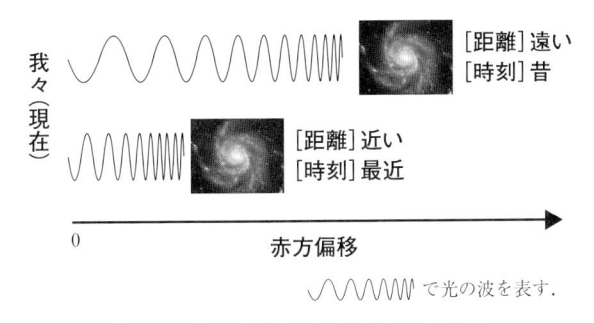

図 2.2 銀河の観測では「距離」＝「時間」．

銀河の距離はたいてい赤方偏移で表す．本書でも赤方偏移はひんぱんに顔を出す．そこで，赤方偏移とはどんな量なのかをここで簡単に説明しておくことにしよう．くわしい説明は 5 章で行う．

宇宙は膨張しているため，遠くの天体から出た光は我々に届くまでに波長が伸びる．その伸び具合を表すのが赤方偏移である．ある天体（たとえ

ば銀河）から出た波長 $\lambda_{\rm lab}$ の光が，我々のところに波長 $\lambda_{\rm obs}$ で届くとすると[*6]，この天体の赤方偏移 (z) は

$$z = \frac{\lambda_{\rm obs}}{\lambda_{\rm lab}} - 1$$

で定義される．$\lambda_{\rm obs} \geq \lambda_{\rm lab}$ なので，赤方偏移は 0 以上の値をとり，値が大きいほどその天体までの距離が遠い．波長の伸びがゼロのときは $z=0$ であり，距離もゼロ（すなわち銀河系のいる場所）となる．

銀河の観測では「距離＝時間」なので，赤方偏移は時間の指標でもある．その様子を図 2.3 に示す．この図は，横軸が赤方偏移，縦軸がその赤方偏移での宇宙の年齢を表す．現在（$z=0$）の宇宙年齢は 140 億年とした[*7]．

この図から，たとえば $z=1$ での宇宙の年齢は 62 億歳であることがわ

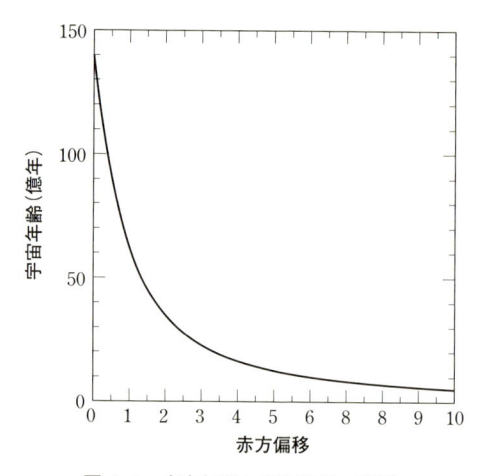

図 **2.3**　赤方偏移と宇宙年齢の関係．

[*6]　λ は一般に波長を表す記号である．lab は laboratory（実験室）の略．銀河から出た瞬間の光は膨張の影響を受けていないので，実験室で測るのと同じ波長になる．obs は observed（観測された）の略で，膨張する宇宙空間を旅して我々に届いた光，つまり我々が実際に観測する光である．

[*7]　赤方偏移と距離の関係が気になる方へ．赤方偏移が距離を表すと聞くと普通の距離（メートルなどで測る距離）に変換したくなってしまうが，どうか我慢してほしい．なぜなら，宇宙が膨張しているために，距離への変換はそう単純ではないからである．比較的近くの銀河については，3 章で述べるハッブルの法則を使って距離への換算はできるが，遠い銀河は距離の定義自体がややこしい．しかし，本書の中で銀河までの距離そのものを扱う場面はめったにない．**重要なのは距離ではなく宇宙年齢である．**

> **コラム 3 ● 場所と時間は分けられない**
>
> 　我々に届く光は，その赤方偏移に応じた年齢の宇宙からやってきている．一方，赤方偏移は距離の指標でもあるので，赤方偏移が違えば見ている場所も違う．たとえば，夜空のある方向を撮影して，$z=2$ の宇宙の様子（銀河の分布など）を調べたとする．残念ながら，宇宙のその特定の場所が 10 億年後にどうなるかを知ることはできない．$z=2$ の 10 億年後は $z=1.5$ だが，我々が観測する $z=1.5$ の宇宙は $z=2$ の宇宙とは場所が異なるからである（我々から見て手前側）．
>
> 　我々が知ることができるのは，場所や天体の個性に左右されない，平均的な進化の様子である．$z=2$ と $z=1.5$ のデータがそれぞれの年齢の宇宙の平均的姿をとらえていると仮定すれば，両者を比べることで，$z=2$ から $z=1.5$ までの銀河進化の平均的描像を得ることができる．たとえば，$z=1.5$ の銀河の平均質量が $z=2$ の銀河の 2 倍だったとすると，10 億年の間に銀河は平均して 2 倍重くなると推測できる．
>
> 　この状況は，1 年かけて日本列島を縦断して日本の四季を調べるのに似ている．1 月に北海道を出発したとすると，関東あたりで春を迎える．北海道の春の様子は関東の様子から推定するしかない．これは銀河の観測よりやっかいかもしれない．なぜなら日本列島の気候は一様ではないので，北海道と関東の春は雰囲気が違うだろうから．

かる．したがって，赤方偏移 $z=1$ の銀河から我々に届いた光は，今から $140-62=78$ 億年前にこの銀河から放たれたことになる．CMB が出た時刻である 40 万歳は $z\simeq1100$ にあたる．なお，本書は 50 億歳以下の宇宙に焦点を当てる．

　とはいえ細かな数字はどうでもよい．ここでは「赤方偏移が大きい天体は，それだけ遠くにあり，かつ，それだけ**過去にある**」ということだけを覚えておいてほしい．

銀河は宇宙とともに進化する

　銀河の歴史を解明するには，宇宙のほぼすべての時期の銀河を調べなければいけない．その理由を，恒星の研究と対照させながら説明しよう．

　恒星の中には，銀河に匹敵する 100 億年以上の寿命をもつものもあるが，じつは，恒星の進化を理解するには銀河系の中の恒星を観測するだけでほぼ事足りる．大昔の銀河の恒星を調べる必要はない．なぜなら恒星は今も銀河系内で生まれており，しかも恒星の一生はほぼその質量だけで決まるからで

ある．銀河系の中にあるさまざまな年齢と質量の恒星のデータを集めれば，進化の全体像はわかる．

一方，銀河の進化は恒星とは随分様子が違う．まず，多くの銀河は大昔に生まれた．最初の銀河はおそらく宇宙がわずか数億歳の頃に出現したのだろう．多くの銀河は宇宙と同じくらいの歴史をもつため，銀河の若い頃を調べるには昔の宇宙を観測しなければいけない．

もう1つ重要な点は，銀河は周囲の環境と互いに影響を及ぼしあっているということである．宇宙は膨張し続けているので，同じ環境は基本的に二度と現れない．そのため，それぞれの時期の銀河の性質を調べる必要が出てくる．逆にいえば，銀河の歴史がわかると宇宙の歴史も見えてくる．

2.3 遠方銀河が見えてきた

遠方銀河の観測にはさまざまな難しさがあるが，最大の問題は非常に暗いということである．その暗さは，たとえて言えば，月面に置かれたろうそくの灯を地球から見るようなものである．

しかし，1990年代になって，8-10mクラスの大口径の光学望遠鏡が相ついで建設された．その中には日本のすばる望遠鏡も含まれる．また，1990年にハッブル宇宙望遠鏡が打ち上げられた．ハッブル宇宙望遠鏡は，口径こそ2.4mと小さいが，大気圏外にあるため非常にシャープな天体写真を撮ることができる．画像のシャープさは，遠方銀河のような暗くて小さい天体を見つけるのに有利である．

大望遠鏡やハッブル宇宙望遠鏡の活躍によって，1990年代半ばから，赤方偏移が3を超えるような銀河が次々に見つかりだした．2007年までに見つかった銀河のうち，最も遠いものの赤方偏移は $z = 6.96$ であり，これは宇宙年齢が8億歳に相当する．我々は宇宙の140億年の歴史の95%までさかのぼれたわけである．

この本を書いている現在[*8]，遠方銀河の研究はいよいよ面白くなってきている．まず，過去10年の観測から，遠方銀河は現在の銀河よりもずっと

[*8] 2007年9月．

多様で活動的なことがわかってきた．くわしくは7章で述べるが，現在の宇宙には見られないような，非常に活発に星をつくっている銀河，生まれたばかりの若い銀河，ダストに深く覆われた銀河などが見つかっている．こうした多様性や活動性の原因は何だろうか．また，これらの銀河と現在の銀河との関係はどうなっているのだろうか．我々の想像を超えた奇妙な銀河がまだ隠れているのではないだろうか．多くの疑問が湧いてくる．

次に，まだ誰も見ていない，ビッグバンまでの残りの5％には，銀河と宇宙の進化にとって大きな出来事があったと考えられている．1つは宇宙で最初の銀河の誕生であり，もう1つは宇宙空間の状態の劇的な変化である．じつはこれら2つは関連している．宇宙は40万歳の頃に電離状態（原子核と電子が分かれた状態）から中性状態（原子核と電子が結合した状態）になったが，観測によると，$z \sim 6$（宇宙年齢10億歳）から現在までの宇宙は電離状態であることがわかっている．つまり，宇宙は，いったん中性状態になったあと，10億歳になるまでに再び電離状態に戻ったのである．原子を電離状態にするには波長の短い紫外線をぶつける必要がある．その紫外線は，おそらく宇宙で最初に誕生した銀河から放たれたものだろう．我々の次の大目標は宇宙の夜明けを目撃することである．

3

銀河は規則的であり多様である

　この章では現在の銀河の規則性と多様性を具体的に見ていこう．最初に章全体の導入として，銀河とはそもそもどんな天体なのかを，他の天体との比較を交えながら説明する．次からが本題で，まず，銀河の多くが比較的整った形をしており，楕円銀河と渦巻銀河という2つの種族に分けられることを述べる．そして，明るさや色などの銀河の性質には大きな幅があることを示すとともに，それらの性質の間には興味深い規則性が隠れていることを紹介する．あわせてこの章では，銀河を記述するための基礎的な物理量（等級）や統計量（光度関数）の定義も行う．

3.1　銀河はどれくらい大きいか

　銀河を一言で表すとすれば星の巨大な集団である[*1]．銀河にも大小さまざまなものがあるが，銀河系のような大きな銀河には一千億個以上もの星が含まれている．銀河と他の天体とのスケールを比べるために，表3.1に，地球および木星，太陽，銀河系，かみのけ座銀河団の質量と半径を示す．それぞれ，惑星，恒星，銀河，銀河団の代表である．銀河団については4章でくわしく説明する．銀河系とかみのけ座銀河団の値は誤差が大きいため，〜をつけた．

　表から，銀河系は太陽よりざっと1兆（10^{12}）倍重いことがわかる．また，銀河系の半径は太陽の半径の10^{12}倍もある．一方，木星と太陽，銀河

[*1]　ここでは星は恒星を指す．

表 3.1　さまざまな天体の質量と半径

	質量		半径	
	(kg)	(太陽質量)	(km)	(太陽半径)
地球	5.97×10^{24}	3.04×10^{-6}	6.38×10^{3}	9.16×10^{-3}
木星	1.90×10^{27}	9.55×10^{-4}	7.15×10^{4}	1.03×10^{-1}
太陽	1.99×10^{30}	1	6.96×10^{5}	1
銀河系	$\sim 4 \times 10^{42}$	$\sim 2 \times 10^{12}$	$\sim 1 \times 10^{18}$	$\sim 1 \times 10^{12}$
かみのけ座銀河団	$\sim 2 \times 10^{45}$	$\sim 1 \times 10^{15}$	$\sim 5 \times 10^{19}$	$\sim 7 \times 10^{13}$

系と銀河団の間の質量の比はいずれも 10^3 倍，半径の比はそれぞれ 10 倍と 10^2 倍である．つまり恒星と銀河という 2 つの天体のスケールは隔絶している．太陽を半径 1 cm のガラス玉だとすると，地球と木星の半径はそれぞれ 0.09 mm と 1 mm，太陽と地球間の距離は 2.2 m になるのに対し，銀河系の半径はおよそ 1000 万 km にもなる．これは太陽と地球間の実際の距離のおよそ 1 割にあたる．

密度が同じ場合は物体の質量は半径の 3 乗に比例する．ところが，銀河系と太陽を比べてみると，質量の比と半径の比は同じくらいである．したがって銀河系の内部密度は太陽よりずっと小さく，わずか 10^{-21} kg m^{-3} 程度しかない．銀河が重いのはその膨大な体積のおかげなのである．

3.2　楕円銀河と渦巻銀河

科学の多くの研究は対象を見かけの姿で分類することから始まる．じつは銀河についても例外ではなく，銀河の形の研究は，銀河という天体の正体が明らかになった頃にはすでに行われていた．現在では，銀河の形は，銀河の物理的性質や進化の歴史と深く関係していることがわかっている．

銀河をその形によって分類する方法（専門用語では形態分類という）にはさまざまなものが考案されているが，最も有名で，かつ，おそらく最も古いものは，1936 年に発表されたハッブルによる分類である．この分類は現在でも用いられている．

図 3.1 はハッブルの形態分類を示したものである．銀河がその形状に基づいて 3 つの系列（全体をハッブル系列という）に並べられている．系列の

> **コラム 4 ● 銀河の正体の解明**
>
> 　星雲のように広がった天体が夜空にたくさんあることは 18 世紀には知られていた．しかし，その正体が銀河系と同様の星の大集団であることがわかったのは意外に新しく，20 世紀に入ってからのことである．もちろん，星雲状の天体の中には，球状星団や散光星雲などといった銀河系に属する天体も混じっているため，正確にいえば，星雲状の天体の中に銀河という新しい概念の天体がたくさん含まれていることがわかった，ということになる．
>
> 　1923 年，宇宙膨張の発見でも有名なハッブルが，渦巻星雲メシエ 31（アンドロメダ銀河）とメシエ 33 までの距離をある種の変光星を用いて測定し，これらの星雲が，銀河系の外縁のはるか向こうにある，銀河系と同種の天体であることを初めて明確に示した．なお，現在の知識によれば，銀河系，メシエ 31，メシエ 33 は，1 つの小さな銀河集団に属している．この集団は局所銀河群とよばれている．
>
> 　当時，夜空にたくさん見えている渦巻状の星雲の正体について，科学史に残る熱い論争が起こっていた．それらが球状星団や散光星雲のような銀河系の中の天体なのか，それとも，銀河系の外の宇宙空間に島のように浮かんでいる，銀河系と同格の天体なのかという論争である．ハッブルの観測によってこの論争は決着し，それと同時に，宇宙に対する我々の認識が一変した．それまでは宇宙といえば銀河系の中がすべてだった．銀河の発見によって，我々は銀河宇宙という新しい宇宙観を手に入れたのである．銀河の距離と後退速度の間の有名な比例関係，ハッブルの法則が発見されたのは，それからまもなくの 1929 年のことである．

形が音叉に似ていることから，音叉図とよばれている．音叉図の左側は楕円銀河，右側は渦巻銀河とよばれる銀河である．

楕円銀河

　楕円銀河とは文字どおり楕円形をした銀河のことで，メシエ 87（1 章の図 1.1）がその代表である．楕円銀河は英語では elliptical galaxy という．この頭文字をとって E と略記されることも多い．

　楕円銀河の光の分布はのっぺりしており，渦巻腕のような構造は見られない．また，全体として赤い色をしていることもわかっている．赤い色は古い（したがって質量の小さい）星で構成されていることを意味する．楕円銀河には星をつくる材料となる冷たいガスがほとんど存在しないため，新しい星はほとんど生まれていない．

　ハッブルは，楕円銀河を偏平度の小さい順に左から右に並べた．偏平度ゼ

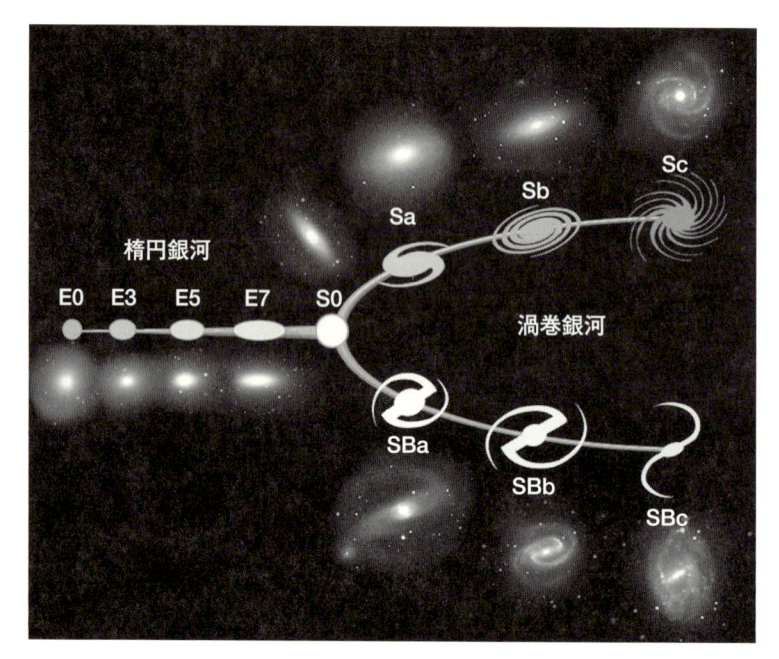

図 3.1 ハッブルの音叉図．各サブクラスの代表例が添えられている．SDSS 提供 [20]．

ロは円である．ただし，偏平度の違いは楕円銀河の性質にとってあまり本質的なことではないらしい．そもそも楕円銀河は見る方向によって偏平度が変わる．

渦巻銀河

音叉図の右側は渦巻銀河の系列である．近傍の例としてはメシエ 63（図 1.3）やメシエ 101（図 1.4）があげられる．渦巻銀河の英語標記は spiral galaxy なので S と略記されることが多い．

渦巻銀河には 2 つの系列があり，上の系列は，銀河の中心部が単純に丸いもの，下は，丸い中心部に細長い棒のような構造がともなっているものである．どちらの系列も，左から右に Sa, Sb, Sc というサブクラスに細かく分けられている[*2]．この細分類は，(i) 中心の丸い部分の明るさ，(ii) 渦巻

[*2] a, b, c は何かの略号ではなく，単にサブクラスをアルファベットを使って標記することにしたもの．なお，棒状の構造をもつものは間に B というアルファベットが入る．B は bar

腕の巻きかた，(iii) 渦巻腕のぶつぶつ（非常に明るい星や星形成領域）の目立ちぐあい，という3つの特徴の組合せに基づいて行われる．

　Sa から Sc にいくにつれて，中心部が目立たなくなり，渦巻腕の巻きかたがゆるやかになり，かつ渦巻腕のぶつぶつが目立つようになる．この細分類は定性的で曖昧なため，主観に左右されやすいと思われるかもしれない．しかし驚くべきことに，熟練の銀河研究者の分類結果は Sa，Sb，Sc の細分類までかなりよく一致する．

　なお，ハッブルの分類は後年拡張され，現在では，Sc の後に Sd, Sm, Im というサブクラスがつくられている．Sd は Sc に続くサブクラスとして名づけられた．Sm と Im はハッブルのもともとの分類では不規則銀河である[*3]．サブクラスの分類はなかなか微妙だが，ここでは，Sd は不規則銀河に近い渦巻銀河，Sm と Im は不規則銀河とみなしておけばよい．

ディスク　渦巻腕を含む薄い円盤状の部分をディスクとよぶ．ディスクには星をつくる材料となる冷たいガスがたくさんある．ダストとよばれる固体微粒子も分布している．ダストはおもに紫外線と可視光を吸収するため，ディスクを真横から見るとダストによる暗い帯が見える．天の川のあちこちに見つかる暗黒星雲もダストが背後の星を隠しているものである．

バルジ　渦巻銀河の中心部の丸い部分はバルジとよばれている[*4]．バルジの性質は楕円銀河に似ている．光の分布は滑らかで，色も赤い．ひょっとしたら，起源や進化も似ているのかもしれない．棒構造をもつ渦巻銀河の場合，その渦巻腕は棒の端から出ている．また，たいていの銀河は大なり小なり棒構造をもっているようである．じつは銀河系も棒構造をもっているらしい．

　厳密には，渦巻銀河は，ディスクとバルジに加えてハローという淡く楕円体状に広がった成分もともなっている[*5]．ハローはバルジとディスクを

　　（株）の略．
[*3]　Im の I は不規則を意味する irregular の頭文字，m は Magellanic の頭文字である．ハッブルは大小マゼラン雲を不規則銀河に分類した．拡張された分類法では，大マゼラン雲は Sm，小マゼラン雲は Im に属する．
[*4]　バルジ（bulge）の本来の意味は，でっぱり，ふくらみである．
[*5]　ハロー（halo）とは暈（かさ）の意味．バルジとディスクを大きく取り囲んで淡く広がっ

包み込むほど大きいが，星の密度が非常に低いため，銀河系以外の銀河でハロー成分とバルジ成分を分離するのは難しい．そこで，多くの場合は，ハローとバルジをひとまとめにして扱う．なお，球状星団はハロー内に広がって分布している．銀河系の観測によると，球状星団の星もハローの星も非常に古い．

S0 銀河

2つの系列の交わるところ，つまり楕円銀河と渦巻銀河の境界には，S0銀河（レンズ状銀河ともいう）とよばれる銀河が位置している．S0銀河は楕円銀河と渦巻銀河の中間の姿をしている．バルジが大きく，渦巻腕はほとんど見えない．

銀河の形態と進化

各系列の中の細かい分類を無視すると，銀河は大きく楕円銀河と渦巻銀河に分類できることがわかる．どちらにも分類されないものは不規則銀河とよばれる．また，渦巻銀河はバルジとディスクが組み合わさってできているといえる．

ここで注意すべきは，ハッブルの分類は銀河の進化とは無関係であるということである．ハッブルは，銀河は音叉図の左端から右に向けて，つまり楕円銀河から渦巻銀河に進化すると考えたが，この予想は間違いであることがわかっている．しかし，その名残りから，楕円銀河を早期型銀河，渦巻銀河を晩期型銀河とよぶことがある[*6]．

かといって，ハッブルの分類が銀河の物理や進化を探るうえで役に立たないというわけではない．じつは，銀河のさまざまな性質は形態によって系統的に異なる．この事実は，形態は銀河の物理や進化と深い関わりがあることを示唆している．もちろん形態自身も銀河の立派な性質であり，銀河がその長い進化の歴史の中で形態をどう変えてきたのかは，それ自体興味深い問題

ている様子をハローと表現した．
[*6] 面白いことに，最近の研究によると，楕円銀河のほうが渦巻銀河より概して年齢が古いらしい．これを，楕円銀河のほうが早く生まれたと解釈すると，早期型・晩期型という呼び名は銀河の進化を偶然うまく表していることになる．

> **コラム 5 ● 銀河の中はスカスカ**
>
> 　写真の印象から銀河には星がぎっしり詰め込まれていると思いがちだが，事実は正反対である．じつは銀河の中で星は互いに非常に離れている．たとえば，太陽に最も近い恒星でも 4 光年彼方にある．この距離は太陽の半径のじつに 5×10^7 倍である．角分解能のじゅうぶん高い望遠鏡で銀河を観測すれば，星がすべて分離され，銀河の中がスカスカであることが実感できるだろう．アンドロメダ銀河など，銀河系の近くにある銀河については，実際に星が分離して見える．

である．

3.3　暗黒物質：銀河を支配する重力源

　銀河系の質量はおよそ $2 \times 10^{12} M_\odot$ だが，銀河系の中の星とガスを全部合わせてもこの質量の 1 割程度にしかならない．じつは，銀河系の質量の大部分は，暗黒物質とよばれる正体不明の物質が担っている．暗黒物質は電磁波を出さないため直接見ることはできないが，重力は及ぼすため，力学的な観測からその存在を確認できる．

　渦巻銀河のディスクは回転している．太陽もおよそ 2 億年かけて銀河系の中心の周りを公転している．公転速度はおよそ秒速 200 km である．遠心力と重力の釣り合いを考慮すると，公転速度と公転半径から公転軌道の内側の質量を見積もることができる．銀河系を始めとした渦巻銀河に対してそうした見積もりを行った結果，すべてに暗黒物質が大量に含まれていることがわかった．銀河の内部の星やガスの運動の観測は難しいため，暗黒物質の存在が確実になったのは 1980 年代と比較的新しい．

　楕円銀河は渦巻銀河のように自転してはおらず，星は空気分子のようにランダムな方向に運動している．この場合も回転運動の場合と同様の力学的な方法によって質量を見積もることができる．その結果，星とガスの総和ではまったく質量が足りず，大量の暗黒物質が必要であることがわかっている．銀河が暗黒物質をともなっているという発見は，20 世紀の天文学の大発見の 1 つに数えられる．

　銀河の暗黒物質の正体はまだ明らかになっていないが，宇宙空間を満たしている暗黒物質と同じ物質だと考えられている．宇宙論的な観測から，宇宙

> **コラム 6 ● 渦巻銀河の回転と暗黒物質**
>
> 　渦巻銀河のディスクの中にある星は，銀河の中心からの距離にはよらず，ほぼ一定の速度で公転している（図3.2）．これをフラットローテイションという．これは太陽系の惑星の運動と対照的である．太陽系の質量のほとんどは太陽に集中しているため，外部にある惑星ほど公転速度が遅い．フラットローテイションは，銀河の質量が外部まで分布していることを意味する．
>
> 　球対称な質量分布を考え，半径 r 内に含まれる質量を $M(r)$ とする．重力と遠心力の釣り合いから，r のところで円運動する粒子の速度 $V(r)$ は $V(r) = \sqrt{GM(r)/r}$ と表せる．ここで G は重力定数である．惑星の場合は $M(r) = M_\odot$（= 一定）なので，$V(r) \propto 1/\sqrt{r}$ となる[*7]．フラットローテイションの場合，$V(r)$ は r によらない定数である．このときは $M(r) \propto r$ となる．質量が半径に比例して増えるのである．一方，半径 r 以内に含まれる星やガスの量は r が大きくなるとすぐに頭打ちになる．したがって，フラットローテイションを実現するには，重力は及ぼすが電磁波では捕らえられない物質（暗黒物質）が必要になる．
>
> 図 3.2　渦巻銀河の回転速度を中心からの距離の関数として描いたもの．曲線1本1本が別々の銀河を表す．横軸の単位は kpc（= 10^3 pc）である．参考までに，太陽は銀河系の比較的外側にあるが，それでも中心からの距離は8 kpc 程度である．この図から，ほとんどの銀河について非常に遠くまで回転速度がほぼ一定（曲線がフラット）であることがわかる．これをフラットローテイションという [21]．

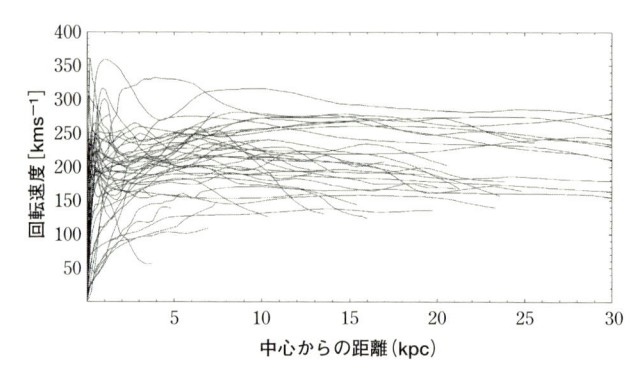

の物質の約6分の5は「冷たい暗黒物質」とよばれる運動速度の小さな暗黒物質であることが確実になっている（5章参照）．冷たい暗黒物質は未知の素粒子である可能性が高い．

[*7] $\propto$ は比例を意味する記号である．

図 3.3 に示すように，暗黒物質は目に見える銀河をすっぽり包み込むように淡く広がって分布している．星やガスは暗黒物質の重力に支配されて運動しているのである．銀河の見た目は星とガスの分布で決まるが，それを影で操っているのは暗黒物質であるといえる．

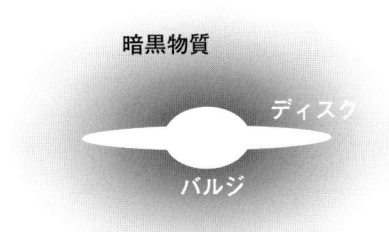

図 3.3　渦巻銀河の概念図．光っている部分（バルジとディスク）を包み込むように暗黒物質が淡く広がっている．暗黒物質の密度は外側にいくにつれて徐々に下がる．

暗黒物質の重力場の中に温度の高いガスがあると，ガスは放射冷却し，中心のほうに落ち込んでいく．そうしてできた冷たいガスから星が誕生し，銀河になると考えられている．したがって銀河の形成と進化の過程で暗黒物質は決定的な役割を果たしている．

銀河と同様，銀河団の質量の大部分も暗黒物質が担っている．スケールが大きいぶんだけ，進化に及ぼす暗黒物質の影響はより大きい．

3.4　銀河の人口調査：光度関数

銀河系はありふれた渦巻銀河だが，銀河全体の中では明るい部類に入る．宇宙には，銀河系より 100 倍近く明るいものから，1 万分の 1 以下の暗いものまで，さまざまな明るさの銀河が存在する．明るさ別の銀河の数密度は，銀河の光度関数とよばれ，銀河の最も基本的な統計量である．

等級とは何か

たいてい天体の明るさは等級という単位で測られる．本書でも等級は何度

> **コラム 7 ● 渦巻腕の真実**
>
> 　意外に思われるかもしれないが，渦巻腕は星と一緒にフラットローテイションしているわけではない．フラットローテイションの場合，1 周にかかる時間は銀河中心からの距離に比例する．渦巻銀河はできてから数十億年は経っているので，星はこれまでに何十回も公転している．もし渦巻腕が特定の星でできているとすると，蚊取り線香のように何重にも巻かれてしまっているはずである．
>
> 　では渦巻腕の正体は何だろうか．密度波理論という最も有力な仮説によると，渦巻腕は星やガスが渋滞している場所である．渦巻腕の場所は他よりわずかに密度が高くなっており，そこに次々にやってきた星やガスはしばらく渋滞してから抜け出ていく．べつの言い方をすれば，渦巻腕はディスクに立った密度の波（パターン）であって，波を担う星とガスは刻々と入れ替わっているのである．波自身は一定の角速度で回転しているので形が崩れない．渋滞の際はガスが圧縮されて星が生まれる．そのため渦巻腕は若い星によって青く光る．
>
> 　ただし，渦巻腕の形状は変化に富んでいる．それらのすべてが密度波理論だけで説明できるかどうかはまだわかっていない．

も登場する．そこで，光度関数の観測を紹介する前に等級の定義を説明しておこう．もし以降の説明が難しいと思ったら，

> 等級とは明るさの指標．明るいものほど値が小さい．ただし明るさは距離によって変わってしまうので，天体の明るさを公平に比べる際は絶対等級を使う．これは天体を 10 pc 離れたところから見たときの等級である

ということだけを覚えておいてほしい[*8]．

　さて，図 3.4 は天体のスペクトルを模式的に描いたものである．横軸は周波数 ν，縦軸は単位周波数あたりのエネルギーフラックス f_ν を示す．エネルギーフラックスとは，地上の単位面積に単位時間あたりに届くエネルギーのことで，エネルギーフラックスが大きいほど明るい[*9]．

　ある天体のある周波数 ν での等級 $m(\nu)$ は

$$m(\nu) = -2.5 \log f_\nu(\nu) - 48.60 \tag{3.1}$$

で定義される．ここで f_ν は，[erg s^{-1} cm^{-2} Hz^{-1}] という単位で測った単位

[*8] 等級の定義よりもややこしい話は本書にはたぶんもう出てこない．
[*9] たとえば我々は日なたにいるとき太陽からのエネルギーフラックスを浴びている．

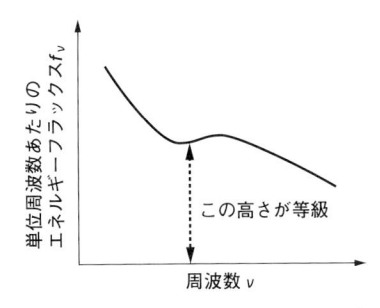

図 3.4 スペクトルの概念図．横軸は周波数 ν，縦軸は単位周波数あたりのエネルギーフラックス f_ν．等級は f_ν の対数に相当する量である．

周波数あたりのエネルギーフラックスであり，図の縦軸の高さに相当する．したがって等級とは縦軸の値の対数である[*10]．等級の単位は無次元だが，単に数値だけを書くと何のことかわからないので，mag という記号[*11]を付ける．

バンドパス

通常の観測では，天体の明るさは，ある特定の波長帯だけを通すバンドパス（ふつうはバンドという）を用いて測る．おもな可視と近赤外のバンドの名称と中心波長を表 3.2 に，その感度曲線を図 3.5 に示す（見やすくするために，図 3.5 ではいくつかのバンドを省略してある）．

あるバンドの感度曲線を $S(\nu)$ とすると，そのバンドでの等級は

$$m(\text{バンド}) = -2.5 \log \frac{\int f_\nu S \, d\nu}{\int S \, d\nu} - 48.60 \tag{3.2}$$

で計算される．一見複雑なようだが，対数の中は単にスペクトルを感度で加重平均したものである．

上の式からわかるように，明るい天体ほど m が小さい．たとえば 0 mag の天体は 5 mag の天体の 100 倍明るい．1 mag 違えば明るさは約 2.5 倍違う．

[*10] -2.5 という係数は，古くからの等級の定義では 5 mag の違いが約 100 倍の明るさの違いに相当したことの名残である．-2.5 も -48.60 も単なる便宜上の定数であり，物理的な意味はない．したがってその起源を気にする必要はない．

[*11] 等級を意味する magnitude という英単語からきている．

表 3.2 可視と近赤外で用いられるおもなバンド

バンド名	中心波長 (Å)
U	3650
B	4450
V	5510
R	6590
I	8060
g	4690
r	6170
i	7480
z	8930
J	12400
H	16500
K	22100

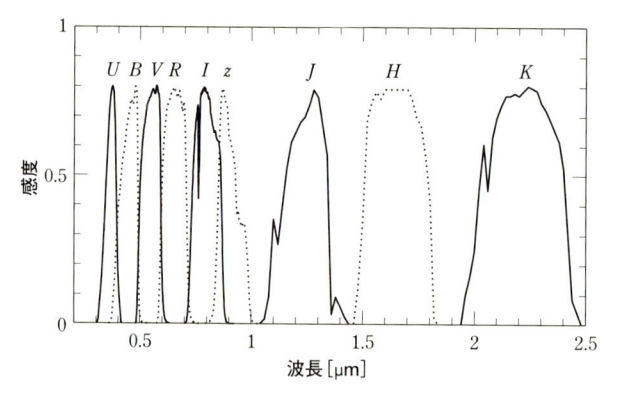

図 3.5 バンドの例.横軸は波長 (μm: $1\,\mu\mathrm{m} = 10^4\,\mathrm{Å}$),縦軸は感度である.$U$ は ultraviolet,B は blue,V は visual,R は red,I は infrared の頭文字.人間の目はだいたい 4000 Å から 7000 Å の波長,すなわち B から R バンドに感度がある.I の波長からわかるように,これらのバンド名が考案されたときは 7000 Å より長い波長は赤外(英語で infrared)とみなされていた.現在は 10^4 Å までを可視光,それより長波長を赤外(近赤外)とよぶのが慣例になっている.

銀河の光度関数の話にいくにはもう一山越える必要がある.天体の等級は天体までの距離によって違う.真の明るさが同じ天体でも,遠くにあれば等級が暗くなる.したがって銀河(に限らずどんな天体でも)の光度関数を求めるには,その真の明るさを用いる必要がある.

真の明るさ：絶対等級

天文学では天体の真の明るさは絶対等級という量で表すことが多い．絶対等級（大文字の M で表す）とは，その天体を 10 pc の距離から見たときの等級

$$M = m\,(10\,\text{pc}) \tag{3.3}$$

である．混乱を避けるために，本来の意味での等級（m）を見かけ等級とよぶことが多い．

たとえば，太陽の V バンドの見かけ等級は $m_V = -26.7\,\text{mag}$ と非常に明るいが，絶対等級は $M_V = 4.9\,\text{mag}$ 程度しかない．一方アンドロメダ銀河の見かけ等級は $m_V = 3.2\,\text{mag}$ しかないが，絶対等級は $M_V = -21.2\,\text{mag}$ と非常に明るい．もしアンドロメダ銀河（と同じ絶対等級の点状の天体）が 10 pc の距離にあったとすると，地球の夜は薄明程度の明るさになる．なお，銀河系の絶対等級はアンドロメダ銀河よりやや暗いと考えられている[*12]．表 3.3 にいくつかの銀河と星の V バンドの絶対等級（M_V）を示す．

表 **3.3** いくつかの銀河と星の V バンド絶対等級

名前	M_V (mag)
アンドロメダ銀河	-21.2
大マゼラン雲	-18.5
小マゼラン雲	-17.1
ろくぶんぎ座の矮小銀河	-9.5
メシエ 87	-22.6
太陽	$+4.85$
シリウス（おおいぬ座 α 星）	$+1.45$
リゲル（オリオン座 β 星）	-6.6

[*12] 絶対等級は，星に対しては，$-3\,\text{mag}$ や $5\,\text{mag}$ といったおとなしめの値になるのだが，星の大集団である銀河に対しては，$-20\,\text{mag}$ や $-15\,\text{mag}$ といった，負で絶対値の大きな値になってしまう．専門家の多くはこのことを不便に感じている（はず）だが，歴史的経緯もあってしかたなく使っている．$\text{erg s}^{-1}\,\text{cm}^{-2}\,\text{Hz}^{-1}$ のような単位のほうが明らかに扱いやすい．

コラム 8 ● 光年とパーセク

天文学では，距離はパーセク（parsec: pc と略す）という単位で表すことが多い．地球の公転半径（1.50 億 km）を基線にして測った視差を年周視差とよび，年周視差が 1 秒角（1/3600 度）となる距離を 1 パーセクと定義する．パーセクの綴り parsec は parallax（視差）second（角度秒）に由来する．1 pc は約 30.9 兆 km である．

一方，距離の単位としては光年もよく用いられる．1 光年は光が 1 年間に進む距離のことで，約 9.46 兆 km である．パーセクと光年は互いに無関係に決められた単位だが，3.26 倍しか違わない（1 pc = 3.26 光年）．これは，光の速度や地球の公転半径がたまたま現在の値だから起こった偶然である．

銀河の距離は非常に遠いので，メガパーセク（Mpc）という単位を使うことが多い．1 Mpc = 10^6 pc である．

銀河の光度関数

図 3.6 は，現在の宇宙の銀河の光度関数を形態別に描いたものである．横軸は r バンド（中心波長 6170 Å）で測った絶対等級[*13]，縦軸はその絶対等級における 1 mag 幅あたり 1 Mpc^3 あたりの銀河の個数である．銀河同士は典型的に 1 Mpc ぐらい離れているので，1 Mpc^3 を体積の基準にしている．

この図から銀河の数密度についていろいろなことがわかるが，ここでは 3 つだけあげておく．まず明るい銀河ほど数が少ない．しかも同じペースで数が減るのではなく，たとえば全銀河の場合は −22 mag 辺りを境に急減する．この等級はアンドロメダ銀河の絶対等級より少し明るい．次に，銀河の光度と形態には弱い相関がある．明るい銀河の多くは楕円銀河と S0 銀河（合わせて早期型銀河）である．渦巻銀河は楕円銀河や S0 銀河より概して暗く，不規則銀河はもっと暗い[*14]．最後に，銀河全体で見ると，1 Mpc^3 あたりおよそ 0.02 個の銀河（−19 mag より明るいものに限る）が存在する．

形態分けはされていないが，もっと暗い −10 mag 程度までの光度関数も

[*13] V バンドの波長からあまり離れていないので，V バンドの絶対等級だと思ってもそう悪い近似ではない．

[*14] 実際，大マゼラン雲も小マゼラン雲も暗すぎてこの図の横軸の範囲の外にある．

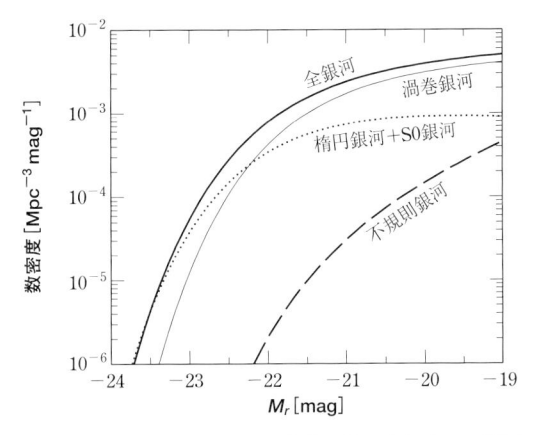

図 3.6　現在の宇宙の銀河の光度関数．点線は楕円銀河と S0 銀河の総和，細い実線は渦巻銀河，鎖線は不規則銀河，そして，太い実線は全銀河である．データが $-19\,\mathrm{mag}$ までしかないのは，銀河系のごく近くの銀河を除いて，暗い銀河の形態を判別するのが難しいからである．[22] のデータを用いて作成．

測られている．それによると，暗い銀河の数は単調に増え続けるようである．つまり我々はまだ銀河の光度関数の暗い側の全貌を知らない．銀河系のごく近くには $M_V > -10\,\mathrm{mag}$ という非常に暗い銀河が 20 個ほど見つかっているが，このような銀河が宇宙にどれくらいあるのかはわかっていない．

5 章で述べるように，銀河進化の理論を使えば，どんな質量の銀河がいくつあるか（これを質量関数という）が予想できる．銀河の光度が質量に単純に比例すると仮定すると，質量関数から光度関数を計算できる．ところが面白いことに，こうして計算された光度関数では，暗い銀河の数が観測よりもずっと多くなってしまう．この食い違いは，軽い銀河では何らかの原因で星が生まれづらいことを意味しているのだろう．

3.5　隠された規則性

銀河は，光度，質量，内部運動，色，形態などの多くの変数（物理量）で特徴づけられる．観測によると，これらの変数の間にはたいてい相関がある．たとえば，明るい銀河は，内部運動の速度が大きく，色が赤い傾向をもつ．つまり，銀河は多次元の変数の空間の中に無秩序に分布しているわけで

はなく，規則性をもって分布している．その規則性は，銀河の物理や進化を調べるうえで大変重要な手がかりとなる．ここでは，いくつかの基本的な変数に絞って，銀河に隠された規則性を紹介する．

形態との相関

ハッブルの音叉図で見たように，銀河の形態は，楕円銀河，S0銀河，渦巻銀河の順（伝統的ないい方では，早期型から晩期型）に並べることができる．これはおおざっぱにいえば，バルジ成分とディスク成分の比率の変化に対応する．楕円銀河はバルジ（楕円体）だけでできており，ディスクはもたない．渦巻銀河は，SaからSdになるにつれてディスクが目立ってくる．S0銀河は楕円銀河とSa銀河の中間に位置する．

面白いことに，銀河のいろいろな性質は，この形態の並びに沿って単調に変わることが知られている．その例をいくつか紹介しよう．

色との相関　まず，図3.7に見られるように，銀河は早期型から晩期型になるにつれてしだいに青くなる．図の横軸は形態，縦軸は$B-V$という色を表す．$B-V$とはB等級からV等級を引いた値のことで，大きい値ほど色が赤い[*15]．楕円/S0銀河が最も赤く，渦巻銀河はSaからSdになるにつれて単調に青くなり，不規則銀河（Im）は全銀河の中で最も青い．この傾向は，（不規則銀河を除き）バルジ成分とディスク成分の比率の変化で説明できる．バルジおよび楕円銀河はディスクよりずっと赤い．赤いバルジと青いディスクの比率を変えることで，中間の色の銀河をつくることができる．参考までに図3.8に楕円銀河とSc銀河と不規則銀河の典型的なスペクトルを示す．

楕円銀河とバルジはおもに古い星で構成されている．星の性質は質量で決まる．重い星ほど色が青く，寿命が短い．いろいろな質量の星が一斉に生まれたとすると，寿命の短い青い星から死んでいくため，この星の集団は時間とともに赤くなっていく．楕円銀河やバルジに含まれている星は何十億年以

[*15] すでに述べたように，等級は値が小さいと明るい．$B-V$が大きいということは，B等級がV等級より大きい，すなわちBが相対的に暗いということ．波長の短いBバンドで暗いため赤く見える．図3.8も参考にしてほしい．

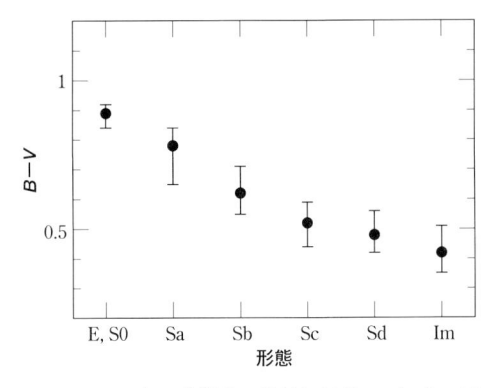

図 3.7 銀河の $B-V$ の色．晩期型の銀河ほど青い．[23] のデータを用いて作成．

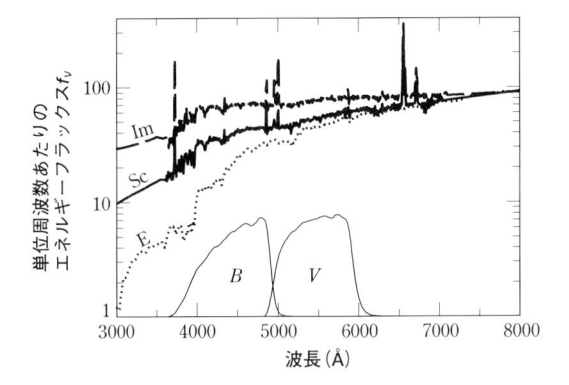

図 3.8 楕円銀河（E），Sc 型の渦巻銀河，不規則銀河（Im）の 3000 Å から 8000 Å のスペクトル．縦軸はスペクトルの強度（絶対値は任意だが，8000 Å の値が一致するように調整してある）．Sc と Im のスペクトルには輝線が見られる（たとえば 3727 Å，5007 Å，6563 Å）．これらの輝線は，銀河の中の星形成を起こしている場所から放射される．B バンドと V バンドの感度曲線（絶対値は任意）を下方に示す．

上も前に生まれたものが多いため，全体として赤く見える．一方，ディスクでは星が生まれ続けているため，寿命の短い星がいつも存在し，色が青くなる．

ガスの量との相関 次に図 3.9 は，形態とガスの量の相関を表したものである．縦軸は，銀河に含まれているガスの質量を銀河の明るさで割った量である．銀河の明るさは星の総量にほぼ比例するので，縦軸の値が大きいほど，

星に対するガスの量が多くなる[*16]. 図を見ると，晩期型の銀河ほどガスの量が増えることがわかる．銀河の中で星が生まれるとそれだけガスが減る．ガスがたくさん残っているということは，星形成が進んでいないことを意味する．何らかの原因で，晩期型の銀河は，ゆっくりと星をつくってきたか，あるいは，星をつくり始めるのが遅れたのだろう．

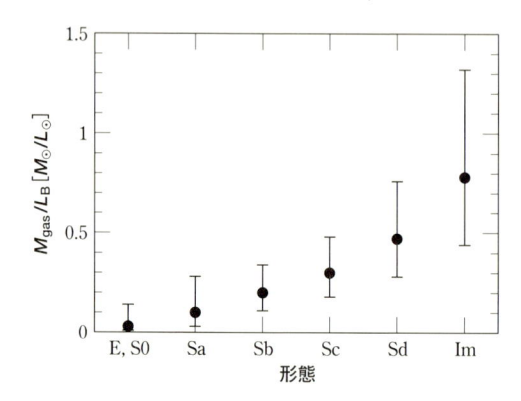

図 **3.9** 銀河のガスの量．縦軸は，中性水素ガスの量（太陽質量で測った値）を B バンドの光度（太陽光度で測った値）で割った値．中性ガスの相対量を表す指標である．晩期型の銀河ほどガスに富んでいることがわかる．[23] のデータを用いて作成．

重元素量との相関　銀河に含まれる重元素量からも星形成活動についての手がかりが得られる．天文学では原子番号が 6（炭素）以上の元素を重元素という．炭素や酸素などは日常生活では重元素とはいわないので，これは天文学特有の定義である．宇宙では重元素は星の内部だけでつくられる．星は一生の最後に質量放出や超新星爆発を起こして重元素を周囲の空間にまき散らす．そうして重元素で汚染されたガスから次の世代の星が生まれる．したがって，後から生まれた星ほど重元素の含有量が多い．

図 3.10 に，重元素の代表として酸素の含有量を形態別に示す．縦軸は水素原子の個数に対する酸素原子の個数である．星でつくられる重元素の種類は星の質量によって異なるが，多数の星の集合体である銀河では，個々の星の個性がならされるため，重元素間の比率（重元素パターン）は似通ってい

[*16] 理想的には，分母は銀河の明るさではなく総質量を使うべきだが，銀河の総質量を測るのは大変難しいため，明るさで代用している．

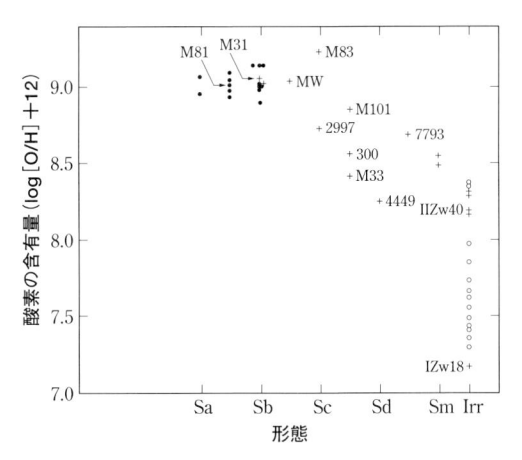

図 **3.10** 銀河の酸素の含有量．縦軸は，水素原子に対する酸素原子の数比（正確には数比の対数に 12 を加えたもの）．縦軸の値が大きいほど酸素の含有量が高い．太陽の値は 8.9 である．晩期型の銀河ほど酸素の含有量が低い，すなわち重元素汚染が進んでいないことがわかる [23]．

る．そこで，ある 1 つの重元素（ここでは酸素）を使って銀河全体の重元素量を評価できる．図から，晩期型の銀河ほど酸素の比率が低い（つまり重元素が少ない）ことがわかる．この結果も，晩期型の銀河は星形成が進んでいないことを示唆する．

最後に，図 3.6 で見たように，明るい銀河の多くは楕円銀河や S0 銀河であり，暗くなるにつれて晩期型の銀河の比率が上がる．つまり銀河の形態と光度にも弱い相関がある．

まとめ 以上，形態といくつかの基本的物理量の間の相関を見てきた．それぞれの相関に見られる比較的大きなばらつきを思い切って無視すると，次のような傾向が浮かびあがってくる．銀河は，早期型から晩期型になるにつれて，暗く（したがって質量が小さい），青く（新しい星の割合が高い），ガスが多く，重元素量が少なく（星形成が進んでいない）なる．銀河の形態と質量と星形成活動には関係があることがうかがえる．これらの傾向を図 3.11 にまとめた．

最後に 1 つ注意点をあげる．ここでは形態を軸に相関を調べたが，これは見かけの姿で銀河を整理するのがわかりやすいと思ったからである．し

	楕円	S0	渦巻	不規則
バルジの比率	バルジのみ	高い ←		低い
光度(質量)	明るい(重い) ←			暗い(軽い)
色	赤い ←			青い
冷たいガス	微量 →			多い
重元素	多い ←			少ない
星形成活動	ほとんど無し →			活発
環境	銀河密度が高い ←			銀河密度が低い

図 **3.11** 形態と基本的性質との相関．環境とは，その形態の銀河が見つかりやすい場所のこと．早期型の銀河ほど銀河の込んだ領域を好む．くわしくは 4 章で述べる．

かし物理的に軸にすべきなのは，おそらく質量だろう．なぜなら，銀河形成論は軽い銀河が次々に合体してより重い銀河ができたと予想するからである（くわしくは 5 章で述べる）．つまり質量が銀河の成長の指標となる．形態や星形成活動などは質量によって制御されているのかもしれない．

光度と内部運動の関係

銀河の光度と内部運動の速度の間には非常に強い相関がある．内部運動の速度とは，渦巻銀河の場合は，ディスクの回転速度を指す（図 3.12）．前に

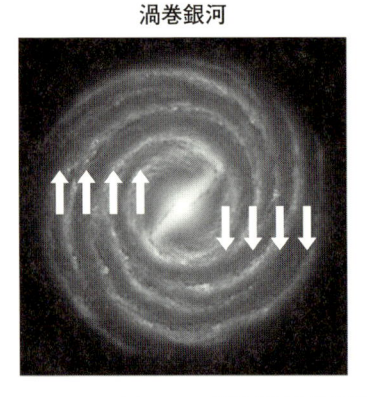

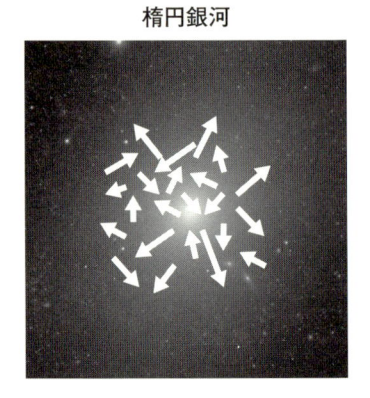

図 **3.12** 渦巻銀河と楕円銀河の星の内部運動の概念図．

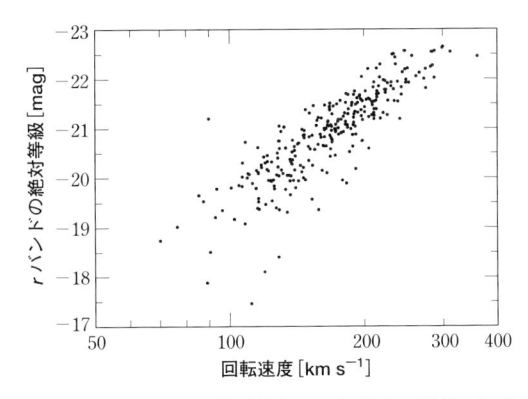

図 3.13 渦巻銀河の r バンドの絶対等級と回転速度の関係.[24] のデータを用いて作成.

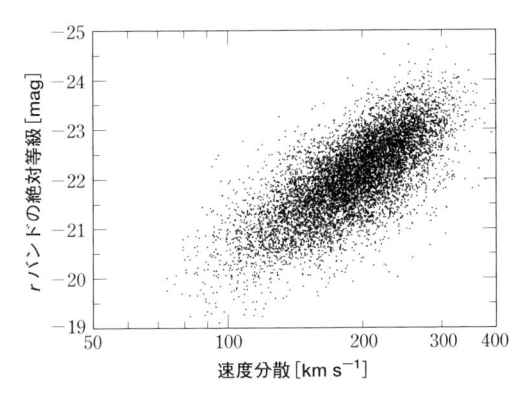

図 3.14 楕円銀河の r バンドの絶対等級と速度分散の関係.[25] のデータを用いて作成.

述べたように,ディスクの中の星は,銀河中心からの距離によらずほぼ一定の速度で公転している.たくさんの渦巻銀河の回転速度 V と光度 L を測った結果,両者に $L \propto V^N$ という関係があることがわかった.図3.13は r バンドの絶対等級と回転速度の関係である.べき指数 N の値はバンドによって異なるが,およそ3から4の範囲にある.

楕円銀河の場合は,星のランダム運動(図3.12)の速度の自乗平均を内部運動速度として採用する.これを速度分散という.観測の結果,楕円銀河の速度分散 σ と光度 L の間にも,同様の $L \propto \sigma^N$ という関係が認められた(図3.14).

コラム 9 ● L-V 関係と銀河の距離の測定

　光度と内部運動速度の関係を使うと，銀河の距離を測ることができる．渦巻銀河の場合で考えてみよう．渦巻銀河の光度-内部運動速度関係は，C と N を既知の定数として $L = CV^N$ と表せる．ある銀河の見かけの明るさが F であるとする．この銀河までの距離を d とすると，$F = L/4\pi d^2$ である．これを $L = CV^N$ に代入すると，$d = \sqrt{CV^N/4\pi F}$ となる．V は距離によらない量（どの距離から測っても 200 km s^{-1} は 200 km s^{-1}）なので，F を観測から求めれば距離 d が求まる．これはハッブルの法則とは独立に渦巻銀河の距離を測る有力な方法である．じつは一時期この方法を使ったハッブル定数の測定が盛んに行われた．楕円銀河についても，光度と速度分散の関係を使えば距離を測れる．

　内部運動速度と光度の間に強い相関があるのは自明なことではない．銀河の質量を M，内部運動速度を V，半径を R とする．銀河は力学的に安定した状態（ビリアル平衡という）にあると考えられるので $M \approx V^2R/G$ が成り立つ．質量と光度が比例しているとすると $L \propto V^2R$ が予想される．つまり，光度は速度だけでなく半径にも依存する．半径が勝手な値をとれるとすれば，L と V の相関はほとんど消えてしまうはずである．これは観測事実に反する．したがって，銀河の光度，速度，半径の間には，ビリアル平衡から予想される以上の関係が存在していなければならない．銀河の形成過程の何らかの原因で，L-V-R 空間の中で実際の銀河が存在し得る領域が制限されたと考えられる．

　渦巻銀河の内部運動がおもに回転運動であるのに対し，楕円銀河の内部運動はランダム運動が卓越している．すなわち，楕円銀河は渦巻銀河よりもずっと角運動量が小さい．これは，両者の形成過程に明らかな違いがあることを示唆している．

4 銀河の集団と大規模構造

　銀河は宇宙空間にばらばらに分布しているのではなく，さまざまなスケールの集団をつくっている．多くの銀河は銀河群という小さな集団に属している．銀河群より一回り大きな集団を銀河団という．銀河団は，自分自身の重力で形を保っている天体としては宇宙で最大である[*1]．銀河団より大きなスケールで銀河の空間分布に注目すると，銀河密度の高い紐状もしくはシート状の構造が網の目のようにはりめぐらされていることがわかる（宇宙の大規模構造）．1つの網の目の大きさは数十 Mpc から 100 Mpc にも達する．多くの銀河群や銀河団は紐やシート状の構造の中に見つかる．大規模構造は我々の宇宙に存在する最も大きな構造だと考えられている．

　銀河の空間分布は2つの重要な情報を含んでいる．1つは銀河の形成と進化についての情報である．銀河の分布の様子から，銀河が宇宙のどんな場所で進化したかがわかる．もう1つは宇宙の始まりについての情報である．銀河の空間分布から物質の空間分布を推定できる．大規模構造の存在は，物質の空間分布にもそれだけのスケールの濃淡があることを意味する．物質の密度の濃淡は，ビッグバン直後の宇宙に発生した量子ゆらぎがインフレーションによって拡大したものだと考えられている．銀河の分布には量子宇宙の情報が化石のように埋まっている．

　この章では，銀河の集団をいくつかの階層に分けて見ていこう．あわせて，銀河の性質が周囲の環境によって大きく異なるという重要な事実も紹介する．

[*1] 重力によって形を保っている天体を重力束縛系という．惑星，恒星，銀河も重力束縛系である．

4.1 銀河は群れている

銀河群

明るい銀河が数個集まってできた集団を銀河群という[*2].我々の銀河系も局所銀河群という名前の銀河群に属している.局所銀河群にはおよそ50個の銀河が見つかっている.局所銀河群で最も明るい銀河はアンドロメダ銀河（M31）である.銀河系はアンドロメダ銀河よりわずかに暗く,それ以外の銀河はずっと暗い.図4.1に局所銀河群の銀河の3次元地図を示す.銀河系とアンドロメダ銀河を中心にして,たくさんの暗い銀河が分布していることがわかる.南半球で肉眼でも見える大マゼラン雲（図1.7）と小マゼラン雲（図1.8）は,銀河系のすぐそばにある.

銀河系から最も近い銀河は「いて座矮小銀河」とよばれる銀河である.この銀河は我々から見て銀河系中心の向こう側にあるため観測しづらい.そのため,発見されたのは1994年と遅い.図4.2は銀河系中心方向の画像である.不規則な線で囲まれているのが「いて座矮小銀河」である.じつはこの銀河は銀河系の潮汐力によって破壊されつつある.銀河系に吸収される前にばらばらになってしまうかもしれない.

多くの銀河は銀河群に属している.その意味で銀河群はありふれた集団であるといえる.典型的な銀河群では銀河は互いに重力的にゆるく結びついているが,中には非常に狭い空間に銀河が密集しているもの（コンパクト銀河群とよばれる）もある.図4.3はコンパクト銀河群の例である.コンパクト銀河群の銀河は近い将来合体して1つの大きな銀河（おそらく楕円銀河）になると考えられている.

銀河団

明るい銀河を100個ぐらい含む集団は銀河団とよばれている.銀河団は10^{14}-$10^{15}M_\odot$もの質量をもち,宇宙で最も重い重力束縛系である.なお,

---

[*2] 暗い銀河がどれだけあるかわからないため,明るい銀河の数を目安にすることが多い.

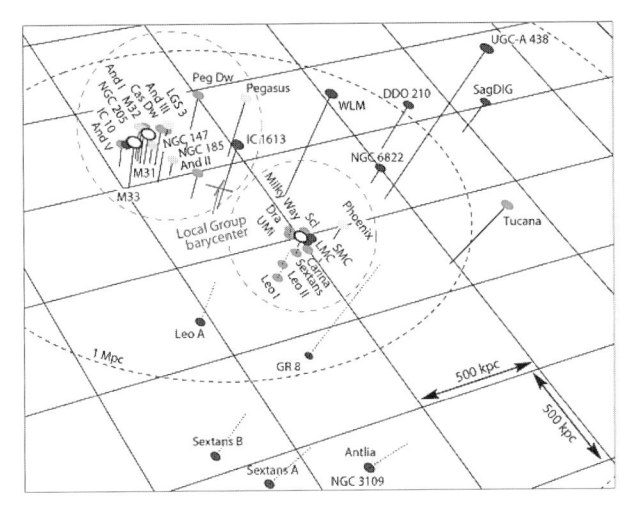

図 4.1 局所銀河群の銀河の分布．中心付近で Milky Way と書かれているのが銀河系 [26]．

図 4.2 銀河系の中心方向の拡大画像．中央を通る水平線が銀河面，中央の十字が銀河中心方向．画面下方の複雑な線で囲まれた部分が「いて座矮小銀河」である．銀河中心と接しているように見えるが実際は向こう側にある [27]．

　銀河群と銀河団は銀河の数の点でも質量の点でも連続しており，両者にはっきりした境界はない．

　銀河団はどちらかといえば稀な集団である．銀河系から最も近い銀河団は

図 **4.3** ヒクソンのコンパクト銀河群カタログの 40 番目に登録されている銀河群．5 つの銀河が密集している．すばる望遠鏡撮影．国立天文台提供 [28].

おとめ座銀河団で，距離は約 20 Mpc である．おとめ座銀河団は銀河団の中では軽い部類に入る．銀河系から最も近い，立派な*3銀河団は，100 Mpc の距離にあるかみのけ座銀河団である（図 4.4）．つまり立派な銀河団は，1 辺が 100 Mpc ぐらいの空間に 1 個程度しか見つからない．現在の宇宙では，銀河の約 1 割が銀河団に属しているようである．

銀河団の内部には 1 億度近い温度の電離ガスが充満しており，強い X 線を放っている．銀河団は，半径 10 Mpc 程度の領域にあった銀河が互いの重力に引かれてゆっくりと集まってできた．その際，銀河と銀河の間にあったガスも一緒に集まり，重力エネルギーを熱に変えて高温の電離ガスになったと考えられている．図 4.5 はかみのけ座銀河団の X 線と可視の画像である．可視で何も見えない場所でも，X 線で見ると電離ガスが広がっていることがわかる．いろいろな波長で調べないと天体の本質はわからない，ということを示す好例である．

X 線の観測から電離ガスの総質量が見積もれる．それによると，電離ガ

---

*3 英語では rich という．銀河の数が多く，見かけが立派な銀河団のことで，概して質量も大きい．その反対は poor である．

図 **4.4** かみのけ座銀河団の中心部．中心には2つの非常に明るい楕円銀河がある．ミスティ天文台提供．ⓒ Jim Misti [29].

スの総質量は銀河の中の星の総質量よりも数倍大きい．したがって，星は銀河団の質量を担う主役ではない．ところが，電離ガスも主役ではないことがわかっている．銀河団の力学質量を求めるさまざまな観測によると，銀河団には電離ガスの数倍の質量が存在している．前章でも出てきた暗黒物質である．銀河団の質量のじつに85％は暗黒物質であり，電離ガスは10％あまり，星は2％程度にすぎない[*4]．

超銀河団

数個の銀河団が集まって超銀河団という集団をつくることもある．銀河や銀河団とは異なり，超銀河団の重力的結び付きは非常に弱いため，形も一定しない．

銀河系は局所超銀河団という集団に属している（図4.6）．局所超銀河団は平べったい形をしており，中心付近にはおとめ座銀河団がある．一般に，

[*4] この組成比は宇宙の平均的な組成比に近い．

> **コラム 10 ● なぜ銀河団の質量に上限があるのか**
>
> 銀河団の質量の上限は $10^{15}M_\odot$ ぐらいである．この上限値は，宇宙の原始の密度ゆらぎの大きさで決まったと考えられている．
>
> 銀河や銀河団のような重力束縛系ができるには，宇宙のある領域がじゅうぶん収縮して，内部の密度がじゅうぶん高くならなければいけない．収縮する領域が広ければ，それだけたくさんの物質が集まり，重い系ができる．銀河団をつくるには，宇宙初期において，銀河団1個ぶんの質量を含む広い領域にわたって，じゅうぶん大きな密度超過が必要である．
>
> 我々の宇宙の原始の密度ゆらぎは，140億年後の現在に $10^{15}M_\odot$ の束縛系をつくるのにぎりぎりの大きさだったということになる．初期の密度ゆらぎがもっと大きかったとすれば，もっと重い銀河団ができていただろう．

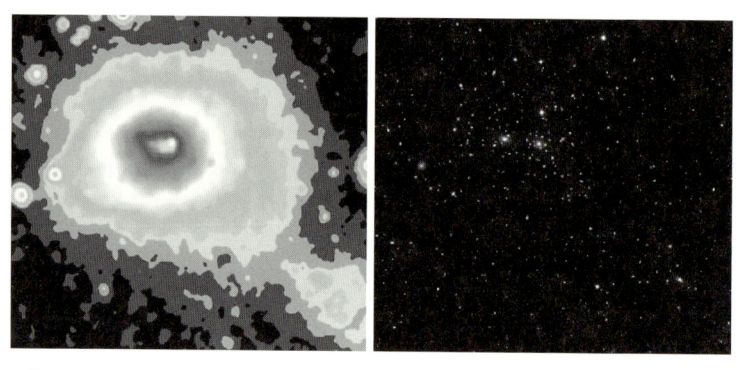

図 **4.5** かみのけ座銀河団の X 線画像（左）と可視光の画像（右）．図 4.4 より広い領域の画像である [30].

超銀河団の内部の平均密度は宇宙の平均密度の数倍程度しかない．

大規模構造

多くの銀河は，数十 Mpc のスケールの紐状もしくはシート状の構造の中に，孤立した銀河として，あるいは銀河群や銀河団の一員として存在している[*5]．これらの構造に囲まれた銀河のほとんど存在しない領域は，ボイドとよばれている．宇宙の大規模構造とは，紐状（シート状）の構造とボイドとが織りなす構造のことをいう．幾重にも積み重なったせっけんの泡のよ

[*5] 超銀河団と紐状構造やシート構造には本質的な違いはない．いずれにしてもおおざっぱな分類なので神経質になる必要はない．

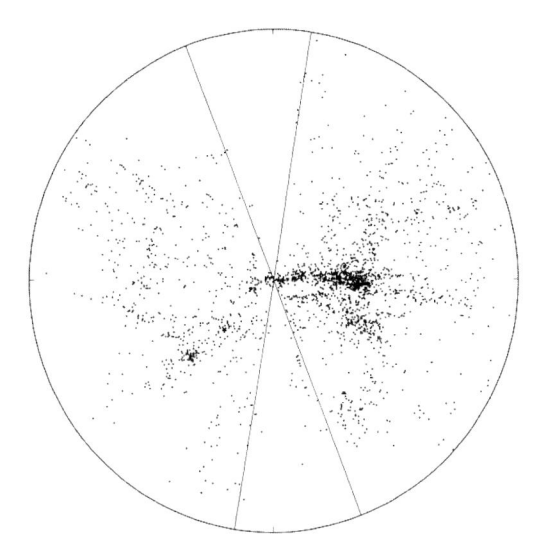

図 **4.6** 局所超銀河団．銀河系から約 20 Mpc 以内の銀河は，おとめ座銀河団を中心に偏平に分布している．これを局所超銀河団とよぶ．この図は局所超銀河団を横から見たものである．銀河系は図の中心にある．右側にある銀河の集中した場所がおとめ座銀河団である．外側の円は銀河系から 40 Mpc の距離を表す [31]．

うにも見えることから，泡構造とよばれることもある．

図 4.7 は銀河系から約 200 Mpc 以内の銀河の空間分布を描いたものである．正確には宇宙空間を銀河系を通る平面で輪切りにした断面図である．銀河をすいかの種だとすると，この図はすいかを 2 つに割ったときに断面に見える種の分布に相当する．1 つの点が 1 つの銀河を表すが，実際の銀河は点の大きさよりもずっと小さい．

図を見ると，銀河の集まった帯のような領域が銀河系の周りをぐるっと取り囲んでいることがわかる[*6]．帯の中には，かみのけ座銀河団を始めとしたたくさんの銀河団が存在している．

帯の長さは 100 Mpc を超えている．これは探査した領域（半径 200 Mpc）に匹敵する．もっと遠くまで銀河の分布を調べれば，もっと大きな構造が見えてくるのだろうか？　この図が 1980 年代に発表されたとき，多くの専門

[*6] 中国の万里の長城に姿が似ていることから Great Wall というニックネームが付けられている．

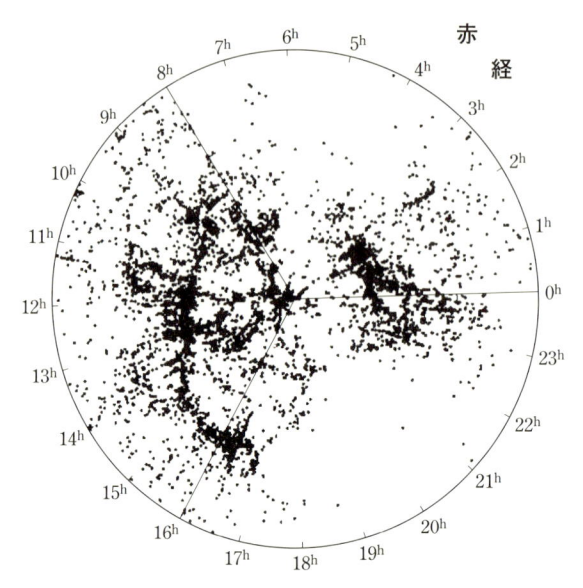

図 4.7 銀河系から約 200 Mpc 以内の銀河の空間分布 [32].

家が同様の疑問を抱いた．そこで，1990 年代に入って，より遠くの観測が続々と行われ，より広い領域の宇宙地図がつくられた．

その中の代表的なものを図 4.8 に掲げる．これは，スローン・ディジタル・スカイ・サーベイ（Sloan Digital Sky Survey：SDSS）という銀河探査プロジェクトでつくられた，およそ 600 Mpc 以内の宇宙地図である．47783個の銀河がプロットされている．この図から，網の目のような大規模構造が観測限界まで続いていることがわかる．遠くにいくほど銀河の数が減るのは，遠くほど明るい銀河しか検出できないことによる見かけの現象である．

この図から，銀河系の周辺で見られる大規模構造は宇宙で普遍的な構造であること，また，100 Mpc を大きく超える明瞭な構造は存在しないことがわかる．100 Mpc 以上のスケールでは宇宙はほぼ一様とみなしてよい．

この図はもう 1 つ興味深いことを教えてくれる．すでに何度か述べたように，遠くの銀河は過去の銀河である．この図の一番外側は今から 20 億年前に当たる．この図は，宇宙の大規模構造が少なくとも 20 億年前から存在したことを示している．大規模構造の進化の全貌はまだよくわかっていない．

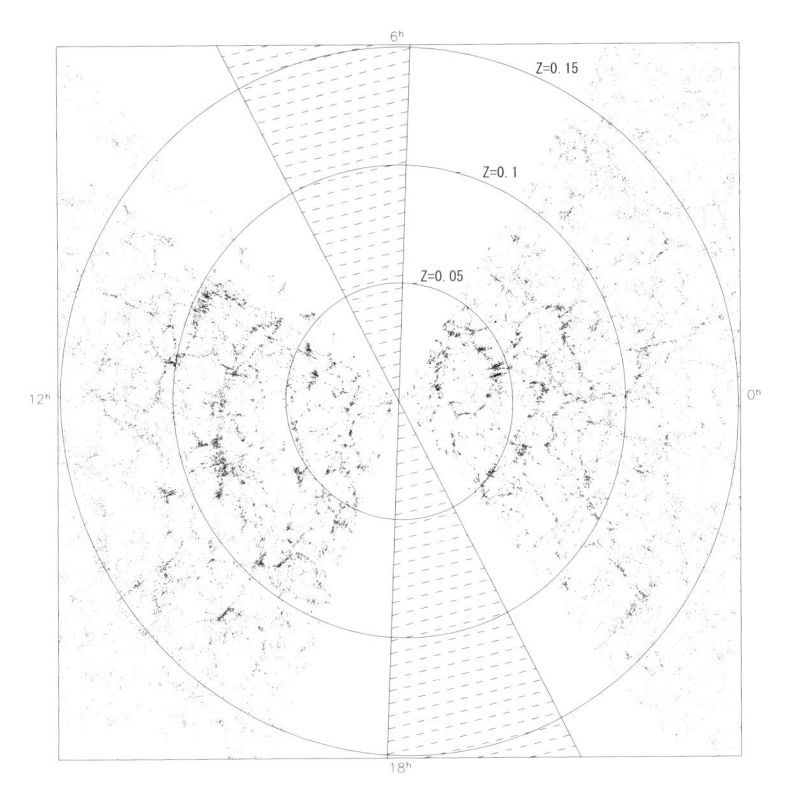

図 4.8 天の赤道を中心とする赤緯幅 $2°$ の環状天域にある $r = 17.8\,\mathrm{mag}$ より明るい 47783 個の銀河の空間分布．この銀河は SDSS のサンプルのご く一部である．銀河系は中心にある．3 つの円の半径はそれぞれ，赤方偏移 $z = 0.05$（約 210 Mpc），0.1（約 420 Mpc），0.15（約 620 Mpc）に対応 する．斜線の扇形領域は銀河系の円盤によって隠されているために観測でき ない天域である．斜線の領域に隣接した空白部にはデータが存在しない [33]．

スローン・ディジタル・スカイ・サーベイ

　SDSS は野心的なプロジェクトである．他の銀河探査とは異なり，SDSS は探査専用の望遠鏡を自前で建設することから始めた．図 4.9 はその望遠鏡 の写真である．米国のニューメキシコ州のアパッチポイント天文台（標高 2800 m）に設置されている．口径は 2.5 m とさほど大きくないが，光学系 の工夫によって，$2.5°$ という広い視野を歪みなく撮像することができる．

　この望遠鏡には，CCD（電荷結合素子）という高感度の検出素子を 30 個

図 4.9 SDSS で用いられているサーベイ望遠鏡．口径 2.5 m のこの望遠鏡は米国ニューメキシコ州のアパッチポイント天文台に設置されている．SDSS 提供 [34]．

並べた広視野カメラが取り付けられている（図 4.10）．30 台のデジカメが並んでいるようなものである[*7]．おそらく世界で最も複雑なカメラだろう．1 個の CCD は 5 cm 角ある．

CCD は 5 枚ずつのセットになっており，各セットの CCD には，u, g, r, i, z の 5 色のフィルターが装着されている．つまり 1 回の観測で 5 バンドの画像が同時に撮れる．

カメラで撮られた画像は，専用のソフトウェアによって解析され，天体が自動的に検出される．その天体リストから分光対象が選ばれ，もう 1 つの観測装置である多天体ファイバー分光器で分光される．この分光器は 640 個の天体を同時に分光する能力がある．

SDSS は日米欧の国際共同プロジェクトである．日本の研究者はプロジェクトの立案段階から参加しており，広視野カメラの製作などに大きな貢献をした．筆者も日本のメンバーの 1 人である．

パソコンが使える人は SDSS の公開用サイト http://skyserver.nao.ac.jp/（日本版）にぜひいってみてほしい．SDSS で撮られた夜空がライブ感覚で

[*7] ただし，光を捕らえる効率はデジカメよりはるかに高い．

図 4.10 SDSS の望遠鏡に取り付けられている広視野カメラ．30 枚の CCD が 5 枚ずつ 6 列に並べられている．それぞれの列の CCD には 5 つのバンドフィルターが装着されている．観測の際は望遠鏡を空に向けてほぼ静止させる．すると日周運動によって天体が 5 つのフィルターの CCD を次々に通る．いわば空を流し撮りするのである．SDSS 提供 [35]．

楽しめる．自分の好きな銀河の画像やスペクトルをダウンロードして，パソコンの壁紙にすることもできる．図 4.11 は SDSS で得られたスペクトルの例である．

4.2 群れ具合を記述する

このように，銀河のつくる構造をスケール別に見ていくことで，銀河の空間分布の様子は理解しやすくなる．しかし，空間分布の情報を銀河進化や宇宙論の研究に利用するには，空間分布をもっと定量的に表現しなければいけない．

空間分布を定量化する方法の中で最もよく使われているのは 2 点相関関数である．2 点相関関数とは，2 つの離れた場所に銀河が見つかる確率の，平均からのずれのことで，記号 ξ で表される．ある間隔 r に対して $\xi(r)$ が正のときは，その間隔の銀河のペアがランダム分布の場合よりも多いことを意味する．すなわち銀河は r 程度のスケールで群れる傾向がある．逆に $\xi(r)$ が負の場合は，そのスケールでの分布を避ける傾向がある[*8]．

[*8] 銀河の絶対数は 2 点相関関数には無関係である．銀河がたくさんあっても一様に分布していれば 2 点相関関数はつねに 0 である．分布のコントラスト，すなわち数密度のゆらぎの相対的大きさが 2 点相関関数の値を決める．

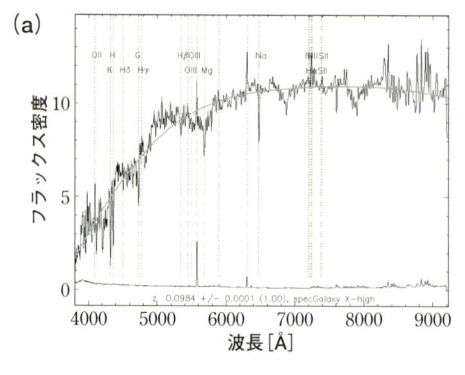

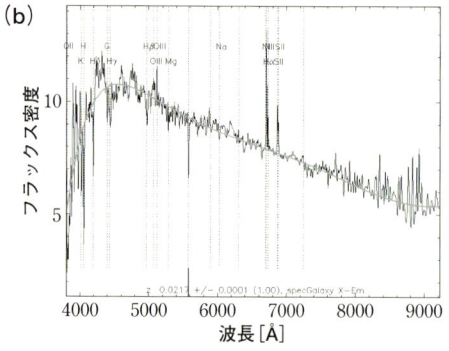

図 **4.11** (a) SDSS で得られたスペクトルの例．赤方偏移は $z = 0.0984$．短い波長のスペクトルが弱い（すなわち赤い）のでおそらく楕円銀河か S0 銀河だろう．たくさんの吸収線が見られる．これらの吸収線の波長から赤方偏移を求める．(b) SDSS で得られたスペクトルの例．赤方偏移は $z = 0.0217$．短い波長のスペクトルが強い（すなわち青い）のでおそらく星形成の活発な銀河だろう．輝線の観測波長から赤方偏移が求まる．SDSS 提供 [36]．

観測によると，およそ $r < 100\,\mathrm{Mpc}$ の範囲では銀河の 2 点相関関数は

$$\xi(r) = \left(\frac{r}{r_0}\right)^{-\gamma} \quad (4.2)$$

というベキ関数でよく近似できる．r_0 と γ は銀河の形態や明るさによって異なる定数で，典型的には $r_0 \simeq 8\,\mathrm{Mpc}$, $\gamma \simeq 1.8$ である．図 4.12 に SDSS のデータから求められた 2 点相関関数を示す．

銀河が強く群れている（すなわち分布の濃淡がはっきりしている）ほど r_0 が大きい．また，ベキが負なので，銀河は小さいスケールになるにつれてより強く群れている．

コラム 11 ● ハッブルの法則と銀河の赤方偏移サーベイ

銀河の 3 次元地図をつくるにはたくさんの銀河の距離を測る必要がある．銀河の距離は，ハッブルの法則とよばれる，距離と後退速度の間にある比例関係

$$V = H_0 d \qquad (4.1)$$

を用いて測ることができる．ここで，V は我々からその銀河が遠ざかる速度（後退速度），d はその銀河までの距離，H_0 はハッブル定数とよばれる定数である．後退速度は銀河のスペクトルの赤方偏移から求める．赤方偏移 z と V の間には $V = cz$ という関係がある（c は光速度）．

原理はこのように簡単だが，実際にたくさんの銀河の距離を測るのは大変手間がかかる．とくに，赤方偏移を求めるには銀河を分光観測してスペクトルを得なければいけない．宇宙地図がつくられ始めた 1980 年頃は，検出器の感度が低かったうえに，一度に 1 個の銀河しか分光できなかった[*9]．

SDSS のような最新のサーベイでは，高感度の検出素子である CCD を使っているうえ，分光装置の進歩によって，一度の露出で数百個の銀河を分光できるようになっている．そのため，100 万個近い銀河のスペクトルがわずか 5 年ほどでとられている．

---

2 点相関関数はペアの見つかる確率の平均からのずれなので，$\xi(r)$ を全空間で積分すると 0 になる．したがって $\xi(r) < 0$ となる r が必ずある．ところが $\xi(r) = (r/r_0)^{-\gamma}$ という関数はつねに正である．これは，この関数が実際の 2 点相関関数の近似にすぎないからである．現実には 2 点相関関数は $r \sim 100$ Mpc を超えると負になる．

銀河の 2 点相関関数を宇宙の物質の密度ゆらぎの進化のモデルと比較した結果，少なくとも現在の宇宙では，銀河の分布は物質の分布をほぼ反映していることがわかっている．たとえば，銀河の密度が平均より 2 倍高い領域では，物質の密度も 2 倍ほど高い．これは，銀河の分布を用いて，（量子宇宙の化石である）物質の密度ゆらぎの性質を研究できることを意味する．ただし，さらにくわしく調べてみると，銀河の空間分布のしかたは明るさや形態によって異なっていることがわかる．

[*9] 銀河の写真を撮るだけの撮像観測の場合は，視野に入ってくる銀河を 1 回の露出で全部撮れる．また，光を波長ごとに分けなくてもよいため，短い露出時間でも銀河が写る．

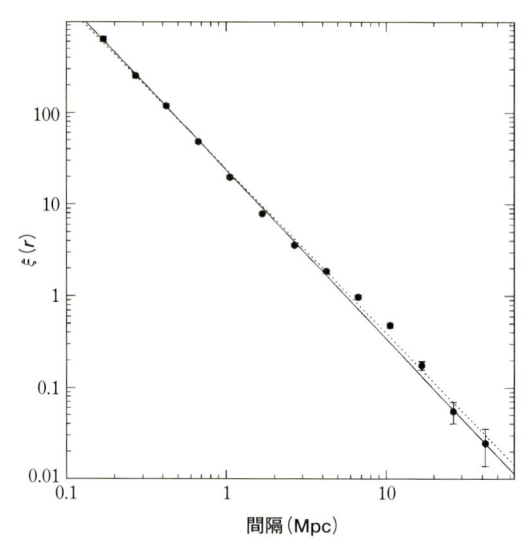

図 **4.12** 現在の銀河の 2 点相関関数．横軸では $H_0 = 100\,\mathrm{km\,s^{-1}\,Mpc^{-1}}$ が仮定されている．黒い点がデータ，実線と点線はデータへのべき関数のフィット [37]．

4.3 生まれか育ちか，それが問題

　銀河の空間分布のしかたは銀河の性質によって異なる．銀河の込んでいる場所では早期型銀河や明るい銀河の割合が高く，銀河のまばらな場所では晩期型銀河や暗い銀河の割合が高い．極端な例として，銀河団の中心部に見つかる銀河のほとんどは明るい楕円銀河か S0 銀河である．その結果，2 点相関関数の形や大きさも銀河の形態や明るさによって変わる．

　図 4.13 は，うお座–ペルセウス座超銀河団領域の銀河の天球分布を形態別に描いたものである．天球分布なので奥行き方向の情報は失われているが，それでも，形態によって分布の様子が違うことが一目でわかる．この領域にはほぼ東西にフィラメントが走っているが，楕円銀河と S0 銀河はフィラメントを忠実になぞっている．これらの銀河は大規模構造の骨格をなしているといえる．言い換えればメリハリをつけて分布している．一方，晩期型の渦巻銀河はのっぺりと分布しており，フィラメントはほとんど見えない．

　1 章でエイベル 1689 という銀河団の画像を見たが（図 1.14），そこに写

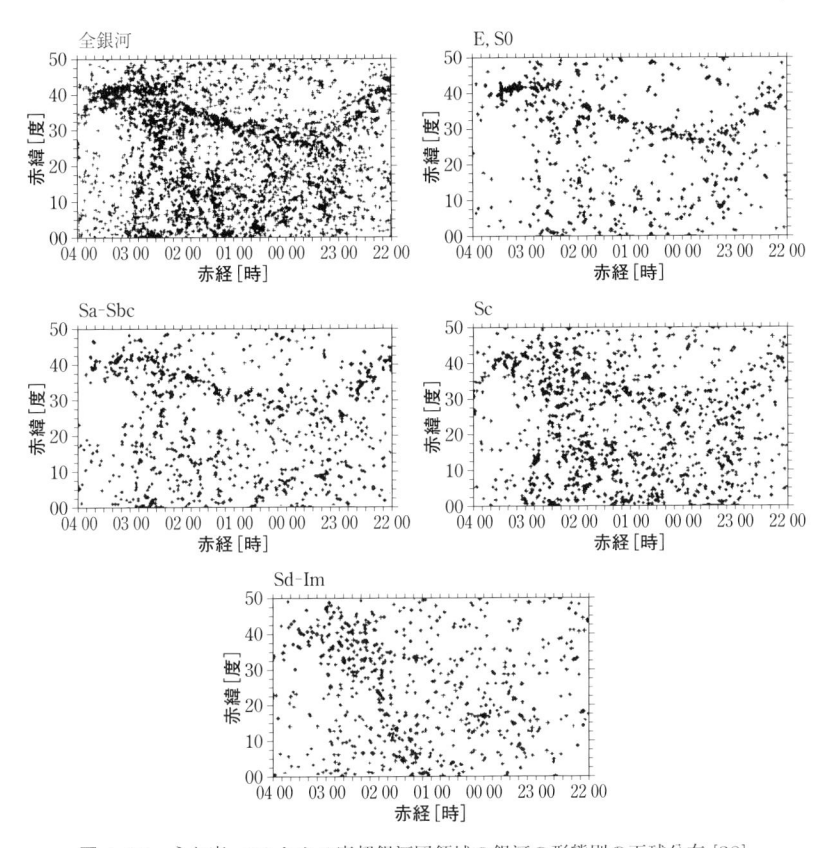

図 4.13 うお座-ペルセウス座超銀河団領域の銀河の形態別の天球分布 [38].

っている銀河の大部分は楕円銀河か S0 銀河である．かみのけ座銀河団（図 4.4）についても同様である．一方，銀河団の周辺部や銀河群では渦巻銀河や不規則銀河の割合が高くなる．実際，銀河系の属する局所銀河群には楕円銀河も S0 銀河も存在しない．

なぜ形態や明るさによって分布のしかたがこんなに違うのだろうか．これはまだ解かれていない難問である．

この謎は，なぜ銀河の性質は環境によって異なるのか，と言い換えることができる．今のところ 2 つの仮説が提案されている．1 つは，銀河が進化する過程で周囲の環境からの働きかけがあったというもので，「銀河の性質は育ちで決まる」といってもよい．

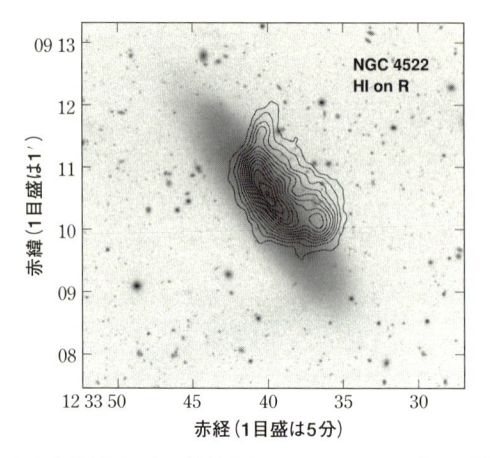

図 4.14 おとめ座銀河団にある渦巻銀河 NGC 4522. 可視の画像に,電波で得られた中性水素の分布を等高線で重ね描きしたもの.可視の画像は星の分布を表す.この銀河は右上から左下に向かって動いているため,銀河団の高温ガスの圧力を受けて中性水素ガスが後方(右上)に飛ばされつつある [39].

図 4.15 おとめ座銀河団にある渦巻銀河 NGC 4388. 銀河本体の上方にもやもやと写っているのは,銀河団の高温ガスの圧力によってこの銀河からはぎとられたガスである.銀河中心からの放射によって電離している.すばる望遠鏡撮影.国立天文台提供 [40].

楕円銀河やS0銀河は,星形成活動が不活発で星の年齢も古い.「育ち」仮説は,銀河密度の高い環境では,環境からの何らかの働きかけによって,星形成活動が早くから停止してしまい,楕円銀河やS0銀河になったと考える.たとえば銀河団には高温の電離ガスが充満している.渦巻銀河が銀河団の中を動き回れば,高温ガスの風圧を受けて,星形成の材料である銀河

円盤のガスが吹き飛ばされてしまうかもしれない．そうすれば星形成は停止する．実際，ガスが吹き飛ばされているような銀河も観測されている（図4.14，4.15）．

　もう1つの仮説は，生まれた時点で銀河の運命は決まっているというものである．この「生まれ」仮説では，進化の途中での環境からの働きかけは重要ではない．銀河の込んだ環境では楕円銀河やS0銀河しか生まれないと考えるのである．

　どちらの仮説が正しいかはまだよくわかっていない．同じ環境で生まれた銀河をいろいろな環境に移住させるような実験は残念ながらできない．生まれたての銀河や進化の途中にある銀河をいろいろな環境で観測し，環境からの働きかけとなり得るメカニズムを検討する必要がある．この謎を解くことは遠方銀河を観測する主要な目的の1つとなっている．

5

宇宙と銀河の歴史

　我々の住む宇宙はビッグバンとよばれる超高温・超高密度の火の玉として誕生し，およそ140億年のあいだ膨張を続けて現在の大きさになった．現在の宇宙は広大であり，そのかわり温度も密度も非常に低い．最初の銀河は，宇宙がわずか数億歳の頃に現れたと考えられている．それから現在まで，銀河は宇宙とともに進化してきた．銀河の歴史は宇宙自身の歴史と切り離せない．

　この章ではビッグバン宇宙論と銀河進化理論を概説する．銀河の進化は2つの要素に分けられる．暗黒物質の重力的進化と，暗黒物質の支配下でのガスと星の進化である．

5.1　ビッグバン宇宙論

宇宙の運命を決める方程式

　一般相対性理論のアインシュタイン方程式を「宇宙には特別な場所も方向もない」という仮定[*1]をおいて解くと，2つの方程式が得られる．これらが，宇宙の膨張を記述する方程式，フリードマン方程式である．「宇宙には特別な場所も方向もない」という仮定はきわめて重大な仮定なので，宇宙原理とよばれている．幸いこの仮定に反する観測事実は知られていない．4章で見たように，100 Mpc 以上のスケールでは銀河の分布はほぼ一様である．

---

*1　宇宙空間は一様で等方的であるということ．

興味のある方のために，付録でフリードマン方程式の内容を簡単に説明した．

フリードマン方程式には3つの定数が含まれている．これらの定数に具体的な値を代入すれば宇宙膨張のしかたが1つに定まる．宇宙の運命が決まるわけである．その3つの定数とは，

- ハッブル定数 H_0
- 密度パラメータ Ω_M
- 宇宙定数パラメータ Ω_Λ

である．ハッブル定数は現在の宇宙の膨張率を表しており，同時に宇宙の年齢の目安も与える．H_0 が大きいほど膨張率が大きく，年齢が若い．密度パラメータは現在の宇宙の物質の密度を無次元化したものである．物質には暗黒物質も含まれる．Ω_M が大きいと密度が高い．同様に，宇宙定数パラメータは宇宙定数を無次元化したものである．付録で説明するように，正の宇宙定数は斥力として働き，宇宙の膨張を加速させる．

これらのパラメータの最新の測定値を表5.1に示す（t_0 は現在の宇宙年齢）．驚くべきことに Ω_Λ はゼロではなく，しかも Ω_M よりも大きい．宇宙の膨張は現在加速しているのである．加速膨張はおよそ50億年前に始まったと見積もられている[*2]．宇宙の膨張が加速していることは1998年に確認された．これは20世紀の科学の大発見の1つに数えられる．我々の宇宙は，どういうわけか宇宙定数という変な定数をもち，しかもそれが，膨張を加速させるほど大きいのである[*3]．

表 **5.1** 宇宙論パラメータの測定値

Ω_M	0.25 ± 0.05
Ω_Λ	0.75 ± 0.05
H_0	$70 \pm 10 \, \mathrm{km\,s^{-1}\,Mpc^{-1}}$
t_0	140 ± 10 億年

[*2] ちょうど太陽系が生まれた頃である．
[*3] しかもおもしろいことに，大きいといっても $\Omega_\Lambda \gg \Omega_M$ ではなく，せいぜい Ω_M の数倍である．無関係に見えるこれら2つのパラメータが数倍しか違わない理由はわかっていない．

Ω_M と Ω_Λ の和は宇宙の曲率を決める．我々の宇宙では和がほぼ1なので，曲率はほぼ0，すなわち宇宙空間はきわめて平坦に近い．

宇宙の組成

表5.1は宇宙のエネルギーの組成を表してもいる[*4]．宇宙のエネルギーのうち，宇宙定数は75 %，物質は25 % を占める．さらに，物質は，我々が知っている水素やヘリウムなどの通常の物質と，暗黒物質とに分けられる．いくつかの独立な観測によって，全物質のおよそ1/6が通常の物質，およそ5/6が暗黒物質であることがわかっている[*5]．以下で宇宙の組成をもう少しくわしく見てみよう．

宇宙定数（暗黒エネルギー） 宇宙定数は最近は暗黒エネルギーとよばれることが多い．本書では宇宙定数は文字どおり定数であると仮定したが，実際はゆっくりと時間変化している物質場かもしれない．暗黒エネルギーという呼び名は，こうした時間変化する場合をも含む，より一般的な呼び名である．しかし呼び名はどうあれ，暗黒エネルギーの正体はまったくわかっていない．

冷たい暗黒物質 暗黒物質の正体もまた謎である．ただしその基本的な性質は観測からかなり絞り込まれている．すなわち運動速度が遅く，重力以外の相互作用をほとんどしない（したがって電磁波を出さない）物質であると考えられている．この特徴をもつ暗黒物質のことを「冷たい暗黒物質」とよぶ．英語ではCold Dark Matter（コールドダークマター）である．運動速度が遅いことを「冷たい」と表現している．

冷たいという性質は銀河の形成に決定的に重要である．もし暗黒物質が熱かったとしたら，宇宙空間を高速で動きまわって銀河スケールの密度ゆらぎを消し去ってしまう．熱い暗黒物質の宇宙では銀河は生まれない．

冷たい暗黒物質の正体は未発見の素粒子である可能性が高い．アキシオ

[*4] 特殊相対性理論により質量とエネルギーは等価である．
[*5] たとえば，宇宙の軽元素合成の理論から通常の物質の密度に強い制限を付けることができる．

ン*6やニュートラリーノ*7がその候補である．

バリオン　通常の物質のことをしばしばバリオンとよぶ．バリオンは元来は陽子や中性子などの重い核子を指す．通常の物質の質量のほとんどはバリオンからのものなので*8，質量（エネルギー）を考える場合は「通常の物質」＝「バリオン」とみなしてよい．

先に述べたように，宇宙のエネルギーの25%を物質が担い，物質のエネルギーの1/6をバリオンが担っている．したがって，宇宙のエネルギーへのバリオンの寄与はわずか4%程度ということになる*9．言い換えれば，宇宙のエネルギーのじつに96%が正体不明なのである．地上の物理法則は宇宙のどこでも成り立っているようだが，地上の物質やエネルギーは宇宙を代表しているわけではないらしい．

最後にバリオンの組成と物理状態についてふれておく．まず組成だが，天体が生まれる前の宇宙では，バリオンは水素かヘリウムか微量の軽元素だった．膨張によって宇宙がじゅうぶん冷えると，この原始の組成のバリオンガス*10から星が生まれ，炭素以降の元素が星の内部でつくられた．

物理状態については，現在の宇宙ではバリオンのうち約1割が星として存在しており，残りはまだガスのままである．宇宙の星形成活動（ガスから星への変換）は時間を追って低下しているため，すべてのバリオンが星になることはおそらくないだろう．

赤方偏移

銀河のスペクトルを調べてみると，輝線や吸収線の波長が本来の値よりも長くなっていることがわかる．これが，今まで何度も出てきた赤方偏移であ

---

*6　物理学の4つの基本的な相互作用（力）の1つである「強い相互作用」に関連して予言されている素粒子．
*7　超対称性理論という理論で予言されている素粒子．
*8　通常の物質をつくっているもう1つの主役，電子は，陽子や中性子の質量のおよそ1/1840しかない．
*9　バリオンの密度パラメータ Ω_B を導入すると，$\Omega_B = 0.04$ である．
*10　本書では，ガスといえばすべてバリオンのガスを意味する．

コラム 12 ● 原始ガスの組成：宇宙の軽元素合成

宇宙年齢が 1 秒に満たない頃，宇宙の温度は 1×10^{10} K 以上あり，自由な陽子と中性子が弱い相互作用を通して熱平衡状態にあった[*11]．このときの陽子と中性子の数の比は温度によって決まり，$n_n/n_p = \exp(-Q/kT)$ で表される．ここで n_p は陽子の数密度，n_n は中性子の数密度，$Q \equiv (m_n - m_p)c^2$ は中性子と陽子の静止エネルギーの差である．

時間が進んで温度が 1×10^{10} K 以下になると，弱い相互作用の反応速度が宇宙膨張の速度より遅くなり，陽子と中性子の数が凍結する[*12]．凍結時の比は $n_n/n_p \approx 1/7$ である．中性子の比率がこのように低いのは，弱い相互作用の切れる 1×10^{10} K という温度が Q に近い（$kT \sim Q$）ためである．

その後，これらの陽子と中性子からまず重水素がつくられ，いくつかの 2 体反応を経て，ヘリウム，リチウムなどの軽元素が合成される．ただしヘリウム以外に合成される元素は微量である．すべての反応は宇宙年齢が 20 分頃までに終わる．合成に使われなかった陽子は水素として存続する．

ヘリウムは陽子 2 個と中性子 2 個でできているので，宇宙の全バリオン（陽子と中性子の合計）のおよそ $2n_n/(n_p + n_n)$（質量比）がヘリウムになる．これに $n_n/n_p = 1/7$ を代入すると 25 % が得られる．したがって水素は約 75 % となる．もし弱い相互作用がもっと高温で切れたとすれば，中性子と陽子の比は $n_n/n_p \approx 1$ で凍結し，水素がわずかしか存在しない，ほとんどヘリウムだけの宇宙になっただろう．そんな宇宙では，輝く銀河も生まれないし，おそらく生命も現れない．

なお，ヘリウムは星の核融合反応でもつくれるが，たいした量にはならない．銀河のガスや星に含まれるヘリウムの量を測り，星の核融合からの寄与（数 % 程度）を差し引くと，つねに 25 % 前後の値が得られる．この事実は，大部分のヘリウムが宇宙に天体が生まれる前から存在していたことを示している．上で説明した軽元素合成理論は，この 25 % という観測値をきわめてよく再現する．この一致は，宇宙がビッグバンという高温の火の玉で始まったことを強く証拠づけるものである．

る．

2 章のおさらいになるが，ある輝線もしくは吸収線の本来の波長（実験室の波長）を λ_{lab}，銀河のスペクトルから実際に測られる波長（観測波長）を λ_{obs} とすると，赤方偏移 z は

$$z = \frac{\lambda_{\text{obs}}}{\lambda_{\text{lab}}} - 1 \tag{5.1}$$

[*11] 陽子と中性子自身は，宇宙年齢が 10^{-4} 秒の頃にできた．
[*12] 正確には，中性子は半減期が約 900 秒のベータ崩壊によって陽子に変わる．

コラム 13 ● 宇宙の密度は果てしなく低い

軽元素が合成される頃の宇宙は 10^9 K という灼熱の世界だった．では密度はどれくらい高かったのだろうか．当時の宇宙のさしわたしは現在の 10^9 分の 1 しかなかった．宇宙の全物質がわずか 10 pc 程度の領域に押し込められていたのである．こう聞くと超高密度の世界が想像されるが，じつは当時の宇宙のバリオンの密度は，今我々が吸っている空気の密度ぐらいしかなかった．現在の宇宙が想像を絶するほど希薄なためである．

現在の宇宙には $1\,\mathrm{m}^3$ あたり 0.2 個の水素原子しかない．地上の実験で達成できる最も高い真空でも $1\,\mathrm{m}^3$ あたり 1 兆個の分子が含まれているので，我々の感覚からすると現在の宇宙はほとんど空っぽといってよい．なぜこんなに密度が低いのか．じつはこれも宇宙の謎の 1 つである．

コラム 14 ● 赤方偏移と後退速度

赤方偏移に光速度をかけた量は後退速度とよばれる（ハッブルの法則にも出てきた）．後退速度は，固定された空間を銀河が飛んでいくというイメージに基づいている．このイメージは赤方偏移を直感的に理解する助けにはなるが，じつは正しくない．赤方偏移は銀河同士の相対運動によるものではなく，銀河の貼りついた空間自身が広がるために生じる．特殊相対論の式を使って赤方偏移から「正確な」相対速度を求めている本もあるが意味はない．なお，ハッブルの法則は比較的近くの銀河にしか適用できない．

で定義される．波長の伸びがないときは $z=0$ である．

赤方偏移の原因は宇宙の膨張である．銀河から出た光は，膨張する空間を進むことによって波長が徐々に長くなる．赤方偏移の大きさは，光が我々に届くまでに宇宙がどれだけ膨張したかを表している．じつは，フリードマン方程式に出てくる宇宙の大きさ R と赤方偏移の間には

$$z = \frac{R(t_0)}{R(t)} - 1 \tag{5.2}$$

という関係がある．R の定義については付録を見てほしい．$R(t_0)$ は現在の宇宙の大きさ，$R(t)$ は光が銀河を出たときの宇宙の大きさである．たとえば，ある銀河の赤方偏移が $z=1$ だとすると，光がこの銀河を出たときの宇宙は現在の $1/(1+1)$ 倍，すなわち半分の大きさだったことになる．

赤方偏移は宇宙の年齢に対応する

宇宙は時間とともに大きくなるので，R を特定すればそのときの宇宙の年齢 t が決まる．ところが z と R には (5.2) 式の関係があるので，z を決めると t が決まる．つまり赤方偏移は宇宙の年齢の代用になるのである．これは大変重要な点である．

とはいえ，銀河を観測して直接測れるのは赤方偏移であり，そこから宇宙年齢を求めるには宇宙論パラメータの値を指定する必要がある．宇宙論パラメータの値にはまだ誤差が残っているため，宇宙の年齢にも誤差が出る．そのため，研究の現場では赤方偏移をいちいち宇宙年齢に変換はせず，考察で必要になったときに宇宙論パラメータを与えて計算する．

図2.3（2章）を見ていただこう．これは赤方偏移と宇宙年齢の関係を描いたものであった．赤方偏移が増えると宇宙の年齢が減少することがわかる．参考までに，太陽系が生まれた 50 億年前は $z = 0.5$ に相当する．そのときの宇宙の大きさは現在の $1/(1+0.5) = 2/3$ だった．

図で1つ注目すべきは，z が大きくなるにつれて年齢の変化が小さくなるという点である．たとえば，$z = 0$ から $z = 1$ までの時間は 78 億年だが，$z = 1$ から $z = 2$ までは 27 億年しかない．

5.2　銀河形成の理論

この節では銀河の進化の粗筋を見てみよう．銀河の進化には2つの側面がある．暗黒物質の進化（すなわち重力的進化）とバリオンの進化である．前者は今やほぼ解明されたが，後者は非常に複雑なため理論家の格闘が続いている．

銀河は，ビッグバン直後に発生したわずかに密度の濃い領域が，自分自身の重力で収縮してできた．じゅうぶん収縮すると，ガスが放射冷却によって冷えて星が誕生し，銀河として観測されるようになる．

我々の宇宙では暗黒物質の総質量はバリオンの5倍もあるので，銀河の重力は主として暗黒物質で決まる．暗黒物質は重力以外の力を感じないためその振舞いは比較的単純である．一方バリオンは，質量の寄与こそ小さいも

コラム 15 ● 宇宙はなぜ 100 億歳なのか

　宇宙の現在の年齢はおおざっぱにいって 100 億歳だが，考えてみればこれは不思議なことである．なぜ宇宙は 100 万歳でもなければ 100 兆歳でもなく，100 億歳なのだろうか．

　じつはこの問題は我々人間の存在を考慮に入れて次のように解くことができる．宇宙の年齢を測るには，そこに測定者がいなければならない．その意味で 100 万歳の宇宙は考えにくい．なぜなら，宇宙年齢を測れるような知的生命がビッグバンからわずか 100 万年で現れるとは思えないからである．星が生まれて生命の元となる重元素をつくりだすのにも時間はかかるし，実際に生命が誕生して知性をもつまで進化するのにも長い時間がかかるだろう．一方 100 兆歳ではない理由も同様に考えることができる．100 兆歳という遠い未来にはほとんどすべての星が死滅しており，宇宙の年齢を測れるような知的生命もいないのだろう[*13]．

　これは観測選択効果の一種である．観測選択効果とは，何らかの観測を行う際に，観測者側の事情によって観測対象に偏りが生じる現象のことである．たとえば，肉眼で見える星だけのサンプルをつくると，遠くにあって絶対等級の暗い星が抜け落ちてしまう．これは目の集光力に限界があることによる観測選択効果である．

　宇宙年齢の場合は観測者の存在自身が選択効果の原因になっている．この種の選択効果は，観測者の単なる能力（たとえば集光力）が原因の選択効果に比べて見落とされやすい．

　同様な例として，地球や太陽系の性質を議論する際も注意が必要である．もし太陽系のような惑星系でしか知的生命が生まれないとすると，我々の知っている太陽系の性質（惑星系としての性質）は観測選択効果を受けている恐れがある．宇宙の惑星系の中で太陽系は多数派ではないのかもしれない．

　なお，こうした考え方は人間原理とよばれることが多い．人間原理とは宇宙の性質の理由を人間の存在に求める考え方である．人間原理というと何だかロマンのようなものを感じるが（そのため疑似科学と誤解されることもある），観測選択効果の一種にすぎない（その意味では人間原理は科学理論ではない．遠くの暗い星を見落とすのが科学理論ではないのと同様）．

　もちろん，宇宙が 100 億歳である深遠な理由（観測選択効果ではない）が将来見つかる可能性はある．観測選択効果の議論はそれを否定するものではない．しかし深遠な理由が見つかるまでは，宇宙の年齢は観測選択効果として解釈するのが最も自然だろう．

[*13] 別の可能性もある．我々の予想に反して宇宙が数百億年後につぶれてしまうことである．

のの，ガスや星として観測され，その存在を主張する．暗黒物質の重力ポテンシャルの中でバリオンはさまざまに姿を変える．銀河の骨格は暗黒物質で決まり，表情はバリオンで決まる．

密度ゆらぎの進化とダークハローの形成

銀河は自分の重力で形を保っている束縛系である．銀河の重力的進化は，暗黒物質の密度ゆらぎの進化で記述され，以下のようにまとめることができる．

<u>ステップ 1</u>

ビッグバン直後の宇宙に，何らかの原因でかすかな密度のゆらぎが発生した[*14]．すなわち宇宙空間には，平均よりわずかに濃い場所とわずかに薄い場所がモザイクのように混在していた．

<u>ステップ 2</u>

濃い場所も薄い場所も宇宙膨張とともに膨張する．しかし，平均より濃い場所はそれだけ重力が強いため，膨張に少しブレーキがかかり，相対的な濃さ，すなわち密度のコントラストが上がっていく．

ここで，以降の説明のために，密度のコントラストを定義しておこう．ある時刻 t に，ある半径 r の領域が，当時の宇宙の平均に比べてわずかに高密度だったとしよう．この領域の内部の平均密度を $\rho(t)$，当時の宇宙の平均密度を $\bar{\rho}(t)$ とすると，密度のコントラスト $\delta(t)$ は

$$\delta(t) \equiv \frac{\rho(t) - \bar{\rho}(t)}{\bar{\rho}(t)} \tag{5.3}$$

で定義される．密度が平均値と同じ場合は $\delta = 0$ である．ステップ 1 のビッグバン直後のゆらぎは，どの場所でもきわめて $\delta = 0$ に近かった．

$\delta \ll 1$ であれば，密度のコントラストは宇宙の大きさに比例して $\delta(t) \propto R(t)$ のように成長する．たとえば宇宙が 2 倍に膨張すると δ も 2 倍になる．これは領域の大きさ（r）によらないので，宇宙空間の密度ゆらぎは，パ

[*14] インフレーションモデルによると，このゆらぎは，ミクロのスケールの量子的なゆらぎがインフレーションという宇宙の急激な膨張によって拡大したものである．

ステップ 3

　ある領域の密度コントラストがステップ2の過程で $\delta \sim 1$ に達すると，それ以降のコントラストは $\delta(t) \propto R(t)$ よりも早く増大するようになる．そして，$\delta \approx 5$ になると，この領域は自分自身の重力が宇宙膨張に打ち勝って収縮に転じる．初期のコントラストが高かった領域ほど早く収縮に転じる．

ステップ 4

　膨張が止まるまでの時間と同じ程度の時間収縮を続けたあと，この領域は，重力束縛系として安定する．それ以降は宇宙膨張からは切り離されて一定の大きさを保つ．この暗黒物質の重力束縛系をダークハローとよぶ[*15]．ダークハローの質量は r で決まる．大きな領域ほどたくさんの物質を含んでいるため重いダークハローになる．

全体のまとめ

　ここまでのステップをまとめると次のようになる．これまでの説明が難しすぎると思われた方は，ここだけを理解してくださればよい．

　我々の宇宙のような冷たい暗黒物質の優勢な宇宙では，小さなスケールの密度ゆらぎほどコントラストが高い．そのため，宇宙で最初に現れるのは軽いダークハローであり，時間が経つにつれて，より重いダークハローが現れる．大きなスケールのゆらぎの内部には，すでにダークハローになった小スケールのゆらぎがいくつか含まれていることが多いため，**軽いダークハローが合体をくり返してより重いダークハローに進化する**と言い換えることもできる．これは，冷たい暗黒物質に特有の進化の過程であり，ボトムアップ的な構造形成ともよばれる（図 5.1）．

　いつ，どんな質量のダークハローができるかは，ビッグバン直後のゆらぎの性質による．ゆらぎのコントラストが全体として高ければ，宇宙の早い時

[*15] 3章でも出てきたが，ハロー（halo）とは暈の意味である．もちろんここでのハローは星ではなく暗黒物質でできている．暗黒物質の暈が大きく広がっているイメージである．

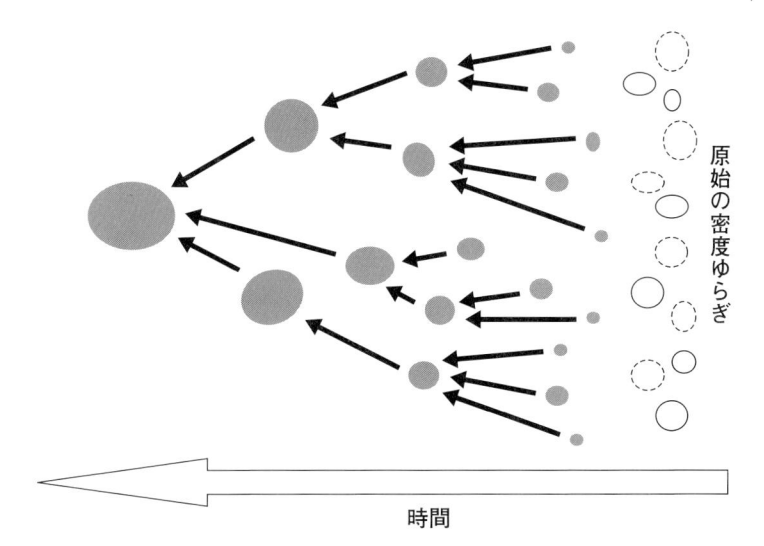

図 **5.1** ダークハローの形成の概念図．冷たい暗黒物質が優勢な宇宙では，軽いダークハローが合体をくり返して重いダークハローになる．これをボトムアップ的な構造形成という．銀河はダークハローの中で誕生し進化する．ダークハローが合体しても中の銀河も合体するとは限らない．銀河が合体しないで残った場合，合体後のダークハローは複数個の銀河を含むことになる．その例が銀河群や銀河団である．

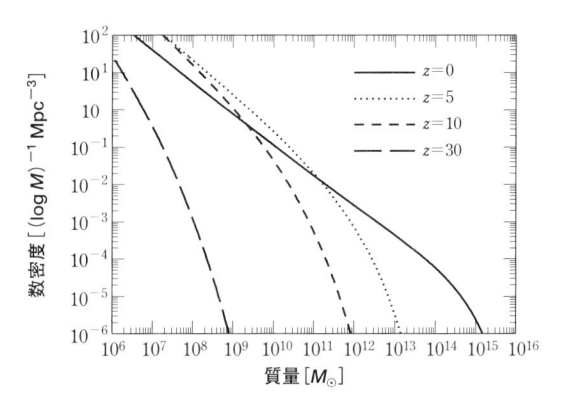

図 **5.2** ダークハローの質量関数．横軸はダークハローの質量，縦軸はその質量を中心とした1桁の質量幅にあるダークハローの数密度．重いダークハローが時間とともに増えることがわかる．

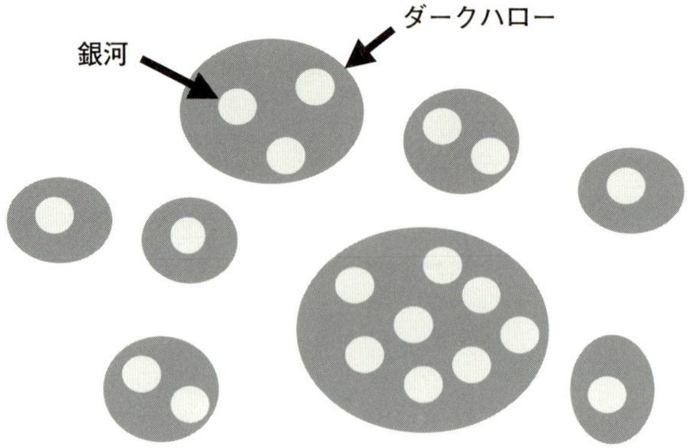

図 5.3　重いダークハローは複数の銀河を含む.

期にたくさんのダークハローができる．また，大きいサイズの領域のコントラストが高ければ，重いダークハローの数が増える．図 5.2 に，標準的なゆらぎの場合のダークハローの質量関数（数密度を質量の関数として表したもの）を示す．

　観測によると，どの銀河もダークハローをともなっており，銀河の質量は実質的にダークハローの質量で決まる．重いダークハローは複数の銀河を含んでいることがある（図 5.3）．じつは，銀河団は 10^3 個の銀河を従えた 1 つの巨大なダークハローである．銀河団の銀河はそれぞれダークハローをともなっているが，銀河団全体も，$10^{15} M_\odot$ にも達する 1 つの重力束縛系になっている．銀河，銀河群，銀河団は，質量の範囲の異なるダークハローの系列であり，力学的には連続した天体とみなせる．

　超銀河団や大規模構造と暗黒物質の関係はどうなっているのだろうか．これらの構造のコントラストは $\delta \sim 1$ しかなく，ゆらぎとしてじゅうぶん成長してはいない．したがって，これらの構造は，宇宙初期のゆらぎのパターン（濃淡の相対的な大きさ）を反映していると考えられる（ステップ 2 を参照）．大規模構造は，原始のゆらぎの化石のようなものである．

計算機の中に宇宙をつくる

　密度ゆらぎの進化の本質は数式だけで理解できるが，実際に紙と鉛筆で解けるのは球対称の単純なゆらぎだけである．現実の宇宙ではゆらぎは球対称

ではないし,周囲のゆらぎの影響も受ける.要するに個々のゆらぎやダークハローの進化は複雑すぎて紙と鉛筆では計算できない[*16].そこで計算機シミュレーションが登場する.

計算機シミュレーションでは計算機の中に宇宙がつくられる.まず,密度ゆらぎをたくさんの粒子(多いもので10^{10}個)の分布で表現する.すべての粒子に同じ質量をもたせ,密度の高い領域にはたくさんの粒子を配置し,低い領域にはまばらに置く.そして,個々の粒子に働く重力(残りの全粒子からの重力の総和)を計算して粒子の分布の時間変化を追う.シミュレーションの間,実行者は計算機の中で宇宙が進化するのを見守るのである.

このシミュレーションは重力多体問題の1つであり,正直に解こうとするとまさに天文学的な計算量が要求される.そのため,正確さを損なわずにうまく計算量を減らす賢いプログラムと,高性能の計算機を必要とする.

図5.4は計算機シミュレーションでつくられたダークハローの例である.上のハローは$5\times 10^{14}M_\odot$,下は$2\times 10^{12}M_\odot$の質量で,それぞれ銀河団と銀河のダークハローに相当する.どちらにも大小のブツブツがたくさん見られる.ブツブツはそれぞれ小さなハロー(サブハロー)である.サブハローは,銀河団の中の銀河や,銀河の周囲の衛星銀河に対応していると考えられる[*17].

図5.5は最近行われた超大規模シミュレーションで,横×縦×奥行き=550 Mpc×400 Mpc×20 Mpcの宇宙空間の暗黒物質の分布の進化を,6億歳から現在まで計算したものである.100億個もの粒子が使われている.20年ほど前は10万個程度の粒子しか扱えなかったことを思うと,計算機能力の進歩には驚かされる.

この図を見ると,粒子の分布のコントラストが時間を追って高くなり,大規模構造に似た構造が発達してくることがよくわかる.粒子がたくさん集まって密度がじゅうぶん高くなった場所にはダークハローが生まれている.そこでは,先に述べたステップ1から4と本質的には同じことが起こってい

[*16] ダークハローの質量関数のような統計量であれば紙と鉛筆でも求められるのだが.
[*17] 3章の図3.3では銀河の暗黒物質の分布が滑らかに描かれているが,これはあくまでもイラストであって,実際のダークハローはずっと複雑な内部構造をもっているのである.じつはダークハローの内部構造は現在さかんに研究されている.

図 **5.4** 計算機シミュレーションでつくられたダークハロー．上は $5 \times 10^{14} M_\odot$，下は $2 \times 10^{12} M_\odot$ のハロー．それぞれかみのけ座銀河団と銀河系の質量にほぼ等しい．どちらのダークハローもたくさんの小さなサブハローをともなっている．おもしろいことに，2つのダークハローは見かけがそっくりである [41]．

る．

　密度ゆらぎの進化は重力だけで決まるため，時間さえかければいくらでも正確に計算できる．計算機性能の急速な向上を背景に，大がかりなシミュレーションがたくさん行われている．密度ゆらぎの進化，すなわち冷たい暗黒物質の重力的進化は，今やほぼ解明されたといってよいだろう．

バリオンの進化と銀河

　円盤状の星の分布や渦巻型のガスの分布など，銀河の姿を決めているのはバリオンである．そもそもバリオンがないと光がまったく出ないので観測す

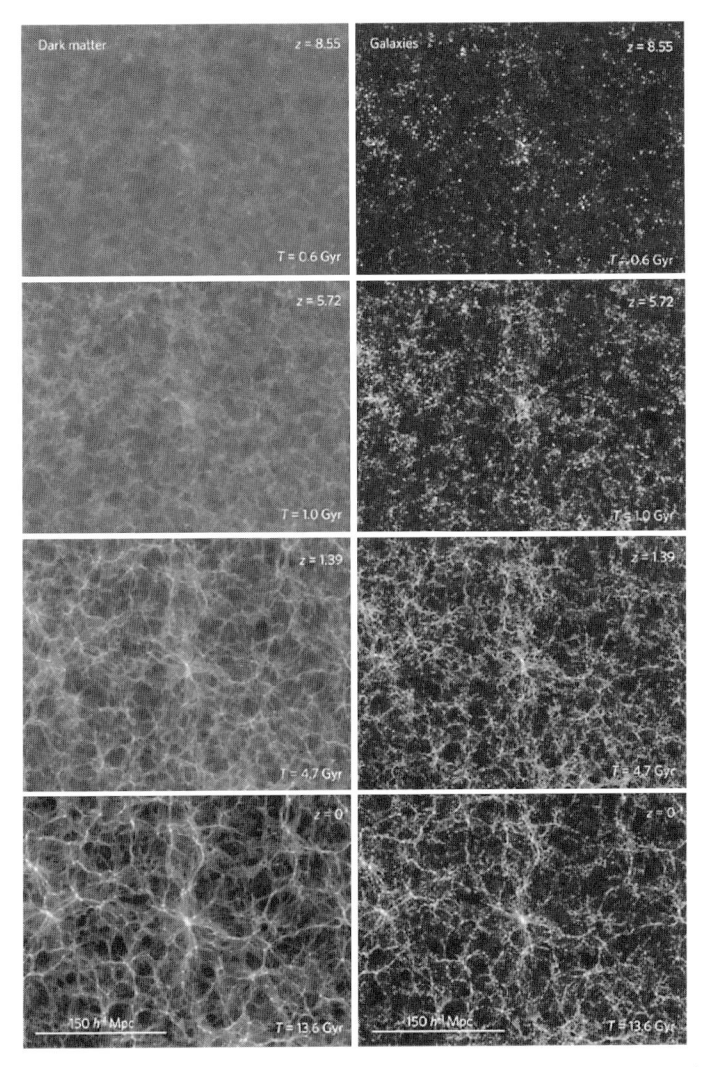

図 5.5 冷たい暗黒物質が優勢な宇宙での構造形成のシミュレーション．左の列：横 550 Mpc，縦 400 Mpc，奥行き 20 Mpc の領域の暗黒物質の分布の時間変化．上から順に，宇宙が 6 億歳，10 億歳，48 億歳，140 億歳（現在）．明るい部分ほど密度が高い．右の列は，標準的な仮定のもとで計算された，同じ領域，同じ時刻での銀河（星）の分布．暗黒物質の分布は時間とともにしだいにコントラストを上げていくのに対し，銀河は早いうちから比較的強く群れている [42]．

らできない．

　銀河をつくるには大量のガスを星にする必要がある．その意味で，バリオンの進化の中でもとくに重要な過程はガスの冷却と星の形成である．

ガスの冷却　ダークハローができたとき，その内部にはガスが分布している．ビリアル平衡を考えると，銀河程度の質量のダークハローではガスの温度は 10^6 K と高い．そのためガスは電離状態になっている．

　ダークハローは，周囲のダークハローとの合体などが起きない限りずっと同じ状態を保つが，ガスは電磁波を出して少しずつ冷えていく．これが，重力しか感じない暗黒物質との大きな違いである（図5.6）．

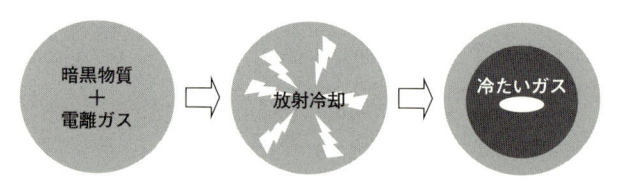

図 **5.6**　ダークハロー内でのガスの冷却．ダークハロー内の電離ガスは電磁波を出して冷える（放射冷却）．密度が高いほど冷却が早く進むので，中心付近のガスから冷えていく．冷えたガスは中心に落ち込んで冷たいガス雲になる．なお，ガスはもともと角運動量をもっているため，冷たいガス雲は円盤状になる．暗黒物質は電磁波を出さないので，ダークハローの構造自体は変化しない（他のダークハローと合体したりしない限り）．

　電磁波はエネルギーをもっているので，電磁波を出すとガスは運動エネルギーを失って冷える．冷却時間（冷えるのにかかる時間）[*18]が短いと，ガスは中心部にまっすぐに落ちていき，星形成の材料である冷たいガス雲になる．一方冷却時間が長いと，少し落ちる間に新たな平衡状態ができてしまう．星の材料である冷たいガス雲がつくられるには，ガスが冷える時間が，力学的に変化する時間[*19]よりも短くなければいけない．つまりいかに素早く冷やすかが鍵である．

　おもしろいことに，冷却時間が力学時間より短いという条件から，銀河が $10^{12}M_\odot$ 程度の質量をもつことが導ける．銀河の典型的な質量は簡単な物理

[*18] 冷却時間はガスの密度に反比例する．つまりガスが濃いほど速く冷える．冷却時間は温度にも依存するが，依存のしかたはやや複雑である．

[*19] 力学時間といい，ガスの密度の平方根に反比例する．

で決まっているのである．

星の形成　冷えて中心付近にたまったガスは，温度と密度についての適当な条件を満たせば，ガス自身の重力によって不安定になってさらに収縮し，そこから星が生まれる．温度が低く密度が高いガスほど不安定になりやすい．

重力不安定になって収縮したガスからどのように星が生まれるのかは，銀河の進化を理解するうえで避けては通れない問題だが，残念ながらまだよくわかっていない．銀河の研究は 10^{10} 個の星を相手にするのに対し，星の形成は星 1 個の桁の話であり，両者を一度に研究するのはスケールが違いすぎて手に余る．じつは天文学には「星形成」という研究分野がちゃんと存在しており，星が生まれる過程が基礎的なレベルから研究されている．銀河の専門家は，この分野の成果を取り入れながら，銀河における星形成を議論している．

ガスの冷却と星の形成以外にも，さまざまなバリオンの過程が銀河の進化を左右する．以下にそのおもな過程をあげる．

- **超新星**：重い星は一生の最後に華々しい爆発を起こしてちりぢりになる．この現象を超新星という[*20]．超新星は銀河の星形成に重大な影響を及ぼす．爆発のエネルギーによって銀河のガスが温められると，星形成が抑制される．重力ポテンシャルの浅い軽い銀河の場合，すべてのガスが宇宙空間に吹き飛んでしまうこともある．そうなると星はそれ以降まったくつくられない．
- **重元素の合成**：星が生まれると重金属が合成され，超新星爆発などで周囲のガスに混じる．重金属があるとガスは冷却しやすくなる．また，重元素はダストとなって銀河の光を吸収する．
- **銀河の合体**：銀河同士が合体すると，ガスは衝突で角運動量を失い，銀河の中心に落ち込んで爆発的な星形成を起こす．もしほとんどのガスが星になってしまうと，それ以降星はつくられない．星をつくっ

[*20]　超新星は銀河 1 個に匹敵するほど明るい．

ている渦巻銀河同士が合体して，ガスのない楕円銀河になることもある．大規模な合体は，楕円銀河をつくるための必須の条件なのかもしれない．大規模な合体を経験しなかった銀河は渦巻銀河になり，経験した銀河のみ楕円銀河になるのかもしれない．

- **銀河間空間の紫外線**：銀河間空間に紫外線（正確には電離紫外線）が飛びまわっていると，それが銀河のガスにぶつかってガスを電離することがある．紫外線があまりにも強いと，銀河によってはすべてのガスが電離してしまい，それ以降星がつくられなくなる[*21]．軽い銀河がとくに被害が大きい．この効果は，8 章で述べる宇宙の再電離とも関連している．

これらのバリオンの過程は大変複雑なため，まだ完全には理解されていない．見落としている過程も他にあるかもしれない．たとえば，銀河の中心にある超大質量ブラックホール（7.5 節参照）が銀河の星形成を制御している可能性が，最近指摘されている．

銀河進化の理論と遠方銀河の観測

銀河の進化の理論は，実際の銀河の性質をどこまでうまく説明してくれるだろうか．現在の銀河の数密度（どんな質量の銀河がいくつあるか）は，暗黒物質のゆらぎの進化の理論で説明できそうである．ガスが放射冷却してそこから星が生まれるという考えかたは，銀河の星形成のアウトラインとしては正しいだろう．

しかし，銀河に見られる規則性と多様性の起源はまだ突き止められていない．たとえば，銀河の形態がどのようにして決まったのかは未解決である．形態や星形成史が環境に依存している理由もわかっていない．

こうした問題が解かれていない大きな理由は，昔の銀河の情報が少ないことである．銀河進化の理論のうちバリオンにかかわる部分は，素過程から積み上げた堅牢なものではない．上で列挙したような，物理的によく追えていない過程がたくさんあり，それらの過程に対しては現象論的にパラメータを

[*21] 銀河が日焼けするようなものかも．

導入してブラックボックスのような扱いをしている．そのため，極端なことをいえば，パラメータの調整しだいでどんな銀河でもつくり出せる．

こうしたいわば「なんでもあり」の理論を淘汰するには，現在というたった1つの時刻のデータだけでは足りない．「こう進化させれば（過去はともかく）現在の銀河を再現できる」ではダメなのであって，「実際にこう進化して現在の姿になった」と自信をもっていえなければいけない．そのためには，進化の途中にある過去の銀河を観測して，理論を検証しなければいけない．

じつは，過去の（つまり遠方の）銀河の観測が満足にできるようになったのは1990年代に入ってからである．しかし，短い歴史にもかかわらず，過去の銀河の興味深い性質がたくさん明らかになってきている．理論で予想されていた性質もあればそうでないものもある．次章以降では遠方銀河の観測の最前線を紹介する．ただし，理論との詳細な比較は本書のレベルを超えているので専門書に譲り，本書では銀河の基本的性質についての骨太な観測結果を見ていくことにする．

6

遠方銀河の観測法

　この章では，遠方銀河がどのような手段で観測されているのかをお話しする．遠方銀河の研究は最近 10 年ほどで劇的に進展した．その原動力となったのは，遠方銀河のかすかな光を捕らえることのできる大望遠鏡の出現と，写真に写っているたくさんの銀河から目的の距離にある銀河だけをうまく見つけ出す方法の開発である．

6.1　かすかな光を捕らえる

　遠方銀河の観測を難しくしている第 1 の理由は，それが非常に暗いということである．銀河は 1 千億個近い星でできている本質的に明るい天体だが，あまりにも遠くにあるため，夜空に見える個々の星よりずっと暗く見える．

　図 6.1 は，絶対等級が $M = -20$ mag の銀河の見かけ等級（m）を赤方偏移の関数として描いたものである．$M = -20$ は銀河としては明るい部類に入る．この図から，$z \approx 1.5$ を超えると，$m > 25$ になることがわかる．25 mag は 0 等星の 100 億分の 1 の明るさしかない．冷たい暗黒物質に基づく構造形成理論は，小さい銀河が先に生まれると予想する．小さい銀河はそれだけ暗いとすれば，実際の遠方銀河の観測はさらに難しくなる．

　観測のモード（撮像，分光など）にもよるが，$m = 25$ よりも暗い銀河を観測するには口径が 10 m 前後の大集光力の望遠鏡が必要である．図 6.2 は主な光学望遠鏡の口径と建設年をグラフにしたものである．1990 年代に入って口径 8-10 m クラスの望遠鏡が相ついで建設されたことがわかる．表

6 遠方銀河の観測法

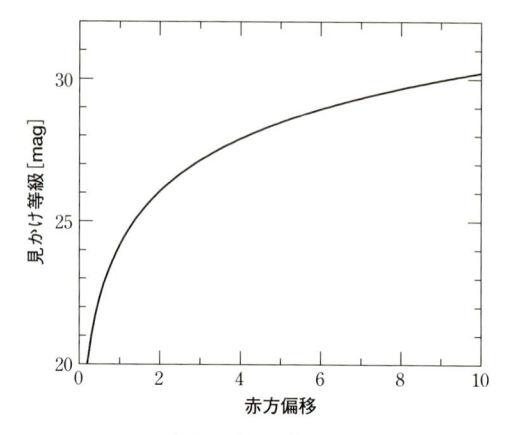

図 6.1　$M = -20$ mag の銀河の見かけ等級．赤方偏移が大きいほど暗い．

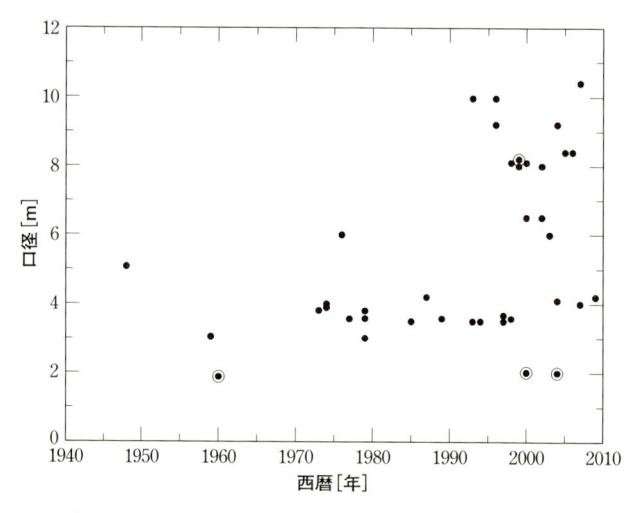

図 6.2　おもな光学望遠鏡の口径と建設年．2010 年までに完成予定のものも含む．白丸で囲んであるものは日本の望遠鏡．日本の望遠鏡については口径 2 m 程度のものも含めた：国立天文台岡山天体物理観測所の 1.88 m 望遠鏡（岡山県浅口市，1960 年），東京大学マグナム観測所の 2.02 m 望遠鏡（米国ハワイ州ハレアカラ山，2000 年），兵庫県立西はりま天文台公園の 2.0 m 望遠鏡（兵庫県佐用町，2004 年）．

6.1 にはおもな大型望遠鏡の口径と設置場所をまとめた．

最初に（1993 年）つくられた大型望遠鏡は米国のケック望遠鏡（図 6.3）で，口径は 10 m ある．その後，同じ口径の 2 号機が 1996 年につくられている．1999 年に完成した日本のすばる望遠鏡（図 6.4）は，口径が 8.2 m

表 6.1　世界のおもな大型光学望遠鏡（理科年表などから作成）

名前	口径 (m)	設置場所（国・州，標高）	建設年
ケック I, II	9.96	マウナケア（米・ハワイ，4146 m）	1993, 1996
ホビー・エバリー	9.2	フォークス（米・テキサス，2072 m）	1996
すばる	8.2	マウナケア（米・ハワイ，4139 m）	1999
VLT（4台）	8.1	セロ・パラナル（チリ，2635 m）	1998, 2000
ジェミニ北	8.0	マウナケア（米・ハワイ，4200 m）	1999
ジェミニ南	8.0	セロ・パッチョン（チリ，2737 m）	2002
ハッブル宇宙望遠鏡	2.4	高度 600 km を周回	1990

図 6.3　ケック望遠鏡．2台あり，いずれも口径 10 m．ケック観測所提供 [43].

で，単一鏡としては最大である．その他，ヨーロッパ南天文台が，すばるとほぼ同じ口径の望遠鏡 Very Large Telescope[*1]（VLT：図 6.5）を 4 台つくっている．

ハッブル宇宙望遠鏡（HST：図 6.6）は口径が 2.4 m しかないが，大気圏外にある唯一の望遠鏡として，独自の地位を築いている．大気にじゃまされないため，望遠鏡の回折限界のシャープな像が得られる．口径が同じでも，像がシャープなほど，より暗い天体まで捕らえられる．また，遠方銀河の形態の研究はハッブル望遠鏡の独壇場となっている．

---

*1　「非常に大きな望遠鏡」の意味．ネーミングのセンスはいまひとつか．

図 **6.4** すばる望遠鏡．口径は 8.2 m．左の建物で望遠鏡を制御する．ケック望遠鏡が左上に見えている．国立天文台提供 [44]．

図 **6.5** VLT 望遠鏡．口径 8.1 m の望遠鏡が 4 台ある．ヨーロッパ南天文台提供 [45]．

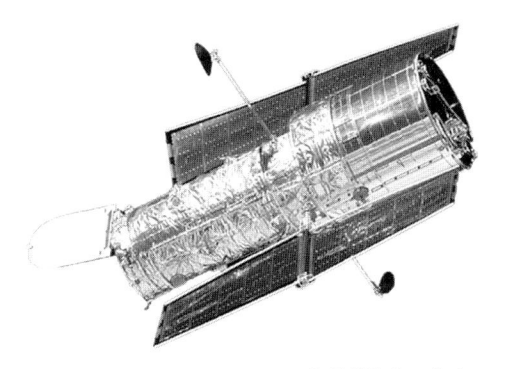

図 **6.6** ハッブル宇宙望遠鏡．口径 2.4 m の衛星望遠鏡である．600 km の高度を回っている [46]．

現在は 10 m 前後の望遠鏡が世界に 10 台以上乱立しており，大望遠鏡の戦国時代になっている．集光力にはあまり差がないので，いかに観測装置や観測方法を工夫して独創的な観測をするかが勝負の分かれ目となる．

6.2 遠方銀河を探し出す

夜空を仰げばたくさんの星が目に入るが，それぞれの星がどのくらいの距離にあるかはすぐにはわからない．銀河についても同様の問題が起きる．大きな望遠鏡を使えばたくさんの暗い銀河が写る．その中には $z = 3$ や $z = 6$ の銀河も混じっているだろう．しかしそうした遠方銀河を選び出すのは容易ではない．銀河の絶対等級には 10 等以上の幅があるからである．写っている暗い銀河は，近くにある絶対等級の暗い銀河だろうか，それとも，遠くにある絶対等級の明るい銀河だろうか．

図 6.7 はハッブル・ウルトラ・ディープ・フィールドとよばれる天域の画像である．ハッブル宇宙望遠鏡が正味 11 日間も露出して得た画像で，わずか 3′ 四方という狭い視野（月の見かけの直径の 1/10）に数千個の銀河が写っている．最も暗い銀河は 30 mag 近い．

くわしい研究によると，これらの銀河の中には，赤方偏移が 0.1 以下という近距離のものもあれば，$z > 6$ という非常に遠くのものも含まれている．そして，写っている銀河全体の中で $z > 3$ のような遠方銀河の占める割合は低い．

図 **6.7** ハッブル・ウルトラ・ディープ・フィールド．宇宙望遠鏡科学研究所提供 [47]．

　ある赤方偏移（宇宙年齢）の銀河の研究は，その赤方偏移の銀河のサンプルをつくることから始まる．それには，ある天域を撮影し，たくさん写っている銀河の中からその赤方偏移の銀河だけを選び出す必要がある．赤方偏移を測る最も正確な手段は分光観測だが，分光観測は時間と手間がかかるため，写っている銀河をすべて分光して目的の赤方偏移の銀河を探すのは現実的ではない[*2]．

　そこで，撮像データだけを使って，目的の赤方偏移の銀河をある程度の精度で選び出す方法が検討されてきた．大型の望遠鏡が使えるようになり，遠方銀河の研究が現実味を帯びてきたことも，検討の動機付けになった．現在までにたくさんの方法が考案され，実際に用いられているが，考え方は共通している．波長の異なる数枚のバンドで銀河の等級を測り，その等級の違いから銀河のスペクトルの特徴を浮かびあがらせる，というものである．以下

[*2] 一般に，観測をするには，使いたい望遠鏡に観測提案書を提出して審査を受ける．大型望遠鏡は人気が高いため，非現実な観測提案はそもそも採択されない．後述のコラム 17 も参照．

に代表的な方法を紹介しよう．

ライマンブレークと 4000 Å ブレークに注目する方法

銀河のスペクトルには，銀河の個性にはよらないほぼ共通の特徴がある．1 つは静止系 912 Å を境にしたスペクトルの段差（ブレーク）であり，もう 1 つは 4000 Å 付近に見られる段差である（図 6.8）．前者はライマンブレーク，後者は 4000 Å ブレークとよばれている．これらのブレークは星の表面の水素が光を吸収することで生じる．吸収の強さや波長は量子力学で決まる．4000 Å ブレークの場合は，水素原子に加えて鉄などの重元素による吸収も寄与している．

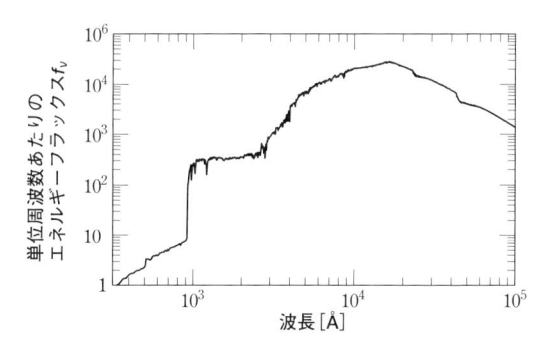

図 **6.8** 紫外から赤外までの銀河のスペクトルの例．912 Å に顕著な段差がある（ライマンブレーク）．また，4000 Å 付近でスペクトルが折れ曲がっている（4000 Å ブレーク）．16000 Å にも折れ曲がりがあるが，これは高赤方偏移銀河の場合は観測波長が中間赤外にいってしまい，観測が難しくなる．そのためまだあまり用いられていない．

ここでは，ライマンブレークを使って遠方銀河を選び出す方法を説明する．例として $z=4$ の遠方銀河を考えよう．この場合ライマンブレークは式 (5.1) より，$(1+4) \times 912 = 4560$ Å に赤方偏移する．もともと遠紫外にあったブレークが可視の波長域に入ってくるのである．

じつは，遠方銀河の場合，考慮すべき特有の効果がある．宇宙空間にわずかに漂っている中性水素ガスの影響である．銀河から出た光のうちライマン α（静止系波長 1216 Å）より短波長側の光は，宇宙空間を進む際にかなり

の割合が中性水素ガスに吸収されてしまう*3. その結果, 図 6.9 に示すように, 我々が観測する $z=4$ の銀河のスペクトルは, $1216\times(1+z)=6080$ Å より短い波長で非常に弱くなる. そこで, 6080 Å を挟む B バンドと R バンドでこの銀河を観測すると, R に比べて B で非常に暗く写る. 一方, 赤方偏移が $z=4$ からかけはなれている銀河では, B と R バンドの間にスペクトルのブレークがないので, 等級差はあまりない. つまり, $z\sim4$ の銀河のみ, $B-R$ の色が非常に赤くなる. 実際は, 他の天体の混入を避けるために, より長波長の I バンドの等級も援用することが多いが, $B-R$ の色が本質である. この方法は, バンドの組み合わせを変えることで他の赤方偏移にも使える.

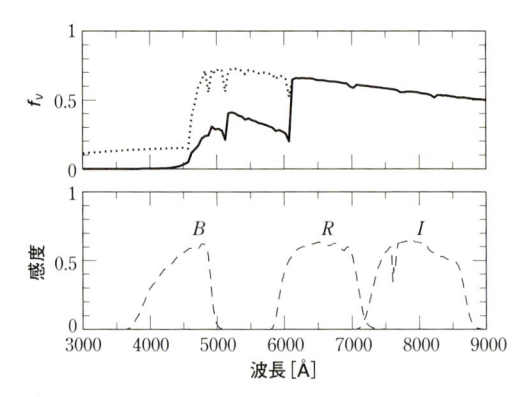

図 6.9 上のパネル: $z=4$ の銀河のスペクトル. 実際に観測されるスペクトルを実線で, 宇宙空間の中性水素による吸収がない仮想的な場合を点線で示す. 中性水素の吸収によって, ライマン α の波長 (6080 Å) より短波長側のスペクトルが低くなる. 下のパネル: B, R, I バンドの感度曲線.

この方法を使って選ばれる銀河の赤方偏移の不定性は $\Delta z\sim1$ 程度ある. これは大きいようにも思えるが, 対象とする赤方偏移自身が $z\sim3$ や 4 などと大きいので, $\Delta z\sim1$ の不定性はあまり問題にならない.

4000 Å ブレークを用いた選び出しも同様である. ただし, ライマンブレークと 4000 Å ブレークの混同には注意しなければいけない. 混同を避けるには, バンドの枚数を増やして, ブレークの前後のスペクトルの特徴も利用する.

---

*3 912 Å 以下は銀河自身のライマンブレークのためにもともとスペクトルが弱いのだが, 中性水素の吸収を受けてさらに弱くなる.

ライマン α 輝線に注目する方法

一部の銀河は強いライマン α 輝線を出す．さきほども出てきたが，ライマン α 輝線とは水素原子で電子がエネルギー準位 2 の励起状態から基底状態に移るときに出る輝線で，静止系での波長は 1216 Å である．ライマンブレークと同様，遠方銀河の場合はこの輝線が赤方偏移して可視の波長域に入ってくる．

ライマン α 輝線を浮かびあがらせるには，通常のバンドよりもバンド幅のずっと狭い「狭帯域バンド」を利用する[*4]．たとえば，$z = 4$ のライマン α 輝線銀河を選び出すには，$1216 \times (1 + 4) = 6080$ Å に中心をもつ狭帯域バンドを用意し，このバンドと，中心波長は同じだがバンド幅は広い通常のバンドで撮像する．

もし，ある銀河のライマン α 輝線が狭帯域バンドの波長域に入れば，この銀河は狭帯域バンドの画像で非常に明るく見える．赤方偏移が 4 から少しずれると狭帯域バンドから外れてしまい，暗く写る．一方，通常のバンドでの明るさは，赤方偏移が多少ずれても変わらない．したがって，狭帯域バンドだけで明るい銀河は $z = 4$ 付近の銀河である可能性が高い．

この方法で選ばれる銀河の赤方偏移の不定性は $\Delta z \sim 0.1$ 程度と小さい．逆にいえば，狭い赤方偏移の範囲の銀河しか選び出せないということにもなる．同じ広さの天域を撮像しても，ライマンブレークの方法に比べて，一度に選べる銀河の個数は 1/10 程度になる．また，ライマン α 輝線を出していない銀河は捕らえられない．

銀河はライマン α 以外の輝線も出しているため，それらとの混同を避ける必要がある．この場合も，通常のバンドの枚数を増やしてスペクトルの形の情報を利用することが多い．

6.3 銀河の姿は波長で変わる

銀河はガンマ線から電波までの幅広い波長の光を放射している．そのスペ

[*4] 通常のバンドの幅は 500-1000 Å だが，狭帯域バンドの幅は 50-100 Å 程度しかない．

クトルにはたくさんの情報が詰まっている．

　たいていの銀河のスペクトルは，(静止系の) 紫外，可視，もしくは近赤外の波長で最も強い．これらの波長の光は，その銀河に含まれる星の光の総和である．星のスペクトルはほぼ質量で決まる．重い星は絶対等級が明るく，スペクトルのピークは紫外域にある．軽い星になるほど絶対等級は暗くなり，スペクトルのピークも近赤外のほうに移動する．したがって，紫外から近赤外のスペクトルはその銀河を構成している星の種族を反映している．

　しかし，銀河がダスト (固体微粒子) や活動銀河核を含んでいる場合はスペクトルは大きく変形する．ダストは星からの紫外光を吸収して赤外光として再放射するため，ダストが多いと，紫外光のスペクトルは落ち込み，かわりに中間赤外や遠赤外の波長が盛り上がる (くわしくは 7.4 節で述べる)．活動銀河核とは，銀河の中心に存在する超大質量ブラックホールとそれを取り巻く降着円盤のことである (7.5 節で述べる)．降着円盤からは広い波長にわたってのっぺりした強度分布の光が出る．

　銀河の「多波長観測」は，それぞれの波長域で専門の望遠鏡を用いて行う．光の集め方や検出方法は波長ごとに異なるため，1 つの望遠鏡で全波長をカバーすることはできない．たとえばすばる望遠鏡で電波を受けることはできない．さらに，地球大気にじゃまされて地上まで届かない波長もある．その場合は，大気圏の外に望遠鏡を持ち出す必要がある．

　図 6.10 は，波長の関数として地球大気の透過率を描いたものである．地上まで届く波長の範囲はあまり広くない．ガンマ線，X 線，遠紫外線はまったく届かないので宇宙望遠鏡が必須である．赤外線もかなりの波長が吸収される．電波に対しては比較的透明だが，長い波長の電波は電離層に遮られて地上までやってこない．ミリ波などの短波長の電波も観測しづらい．

　2007 年現在活躍中の宇宙望遠鏡としては，Swift (スウィフト：ガンマ線)，すざく (X 線)，ハッブル宇宙望遠鏡 (可視，近赤外)，あかり (赤外)，Spitzer (スピッツァー：赤外) などがある．「すざく」は日本が 2005 年に打ち上げた望遠鏡である．日本は X 線望遠鏡を定期的に打ち上げており，世界の X 線天文学をリードしている．「あかり」も日本が打ち上げた宇宙望遠鏡 (2006 年打ち上げ) で，地上からは観測が難しい赤外域をカバーする．

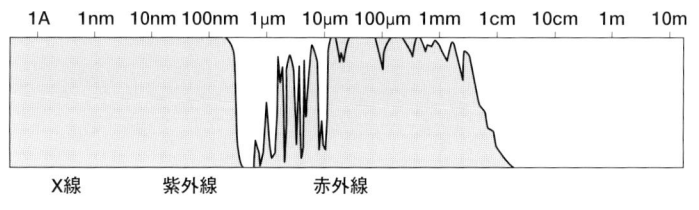

図 **6.10** 地球大気の透過率．横軸は波長，縦軸は吸収される割合を表す．黒く塗った部分が高いほど吸収が強い．ガンマ線，X 線，遠紫外線などは 100 % 吸収されてしまう．ほぼ無傷で地表まで届く波長は，可視や一部の赤外や電波などに限られる．資料提供：松尾宏 [48]．

6.4 重力レンズ：自然がつくった望遠鏡

　一般相対性理論によると重力場を通る光は曲がる．これを重力レンズ効果という．この効果は 1919 年に皆既日食を利用して確認された．太陽の背後の星が，太陽の重力場によって確かに $1.''7$ ほど曲げられたのである．

　重力は非常に弱い（すなわち重力定数 G が小さい）ため，銀河や銀河団のような重い天体が重力源の場合でも，光の曲がりはわずかである．しかし，ハッブル宇宙望遠鏡などの角分解能の高い望遠鏡が現れたおかげで，重力レンズ効果に基づいた銀河や宇宙論の研究は急速に進展している．地上望遠鏡の中で最高の画質を誇るすばる望遠鏡も大きな貢献をしている．

　図 6.11 は，1 章（図 1.14）でも出てきたエイベル 1689 銀河団の中心部の 6 つの視野の拡大像である．$z = 0.18$ にあるこの銀河団は，非常に重い銀河団として知られている．各拡大像でぼやっと楕円形に写っているのは銀河団のメンバー銀河である．一方弧のような細長い天体はこの銀河団の背後の銀河である．中には $z \sim 5$ という遠方のものも混じっているらしい．

　重力レンズ効果を受けた銀河は，像が歪むとともに，本来の明るさよりも明るくなる．2 桁以上明るくなることもある．したがって，通常なら暗くてとても観測できないような銀河でも，うまい具合に視線上に銀河団があれば，やすやすと観測できる．おまけに像が拡大されるので内部の構造も調べることができる．まさに自然の望遠鏡である．最遠方銀河の探査の有力な方法の 1 つにもなりつつある．

　逆に，背後の銀河の像の歪み具合を測って，銀河団の質量を推定すること

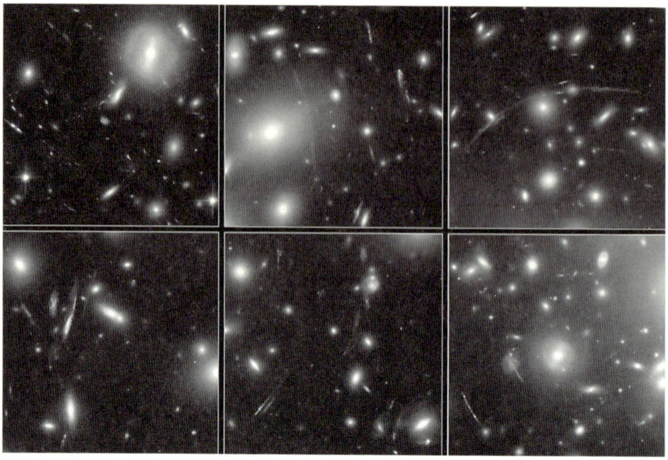

図 **6.11** エイベル 1689 銀河団の中心部の 6 つの視野の拡大像．ハッブル宇宙望遠鏡撮影 [49]．

もできる．重力は暗黒物質にもバリオンにも平等に働くので，重力レンズ効果を使えば銀河団の全質量を正しく測定できる．力学状態についての仮定もしなくてよい．これは他の質量推定法にはない特長である．同様なやりかたで，銀河や大規模構造の内部の質量分布も調べられている．重力レンズ効果を使えば，バリオン（星やガス．これは電磁波で観測できる）と暗黒物質の分布の微妙なずれも調べることができる．このずれは銀河の形成過程についての重要な情報を含んでいる．さらに，重力レンズ効果を使って暗黒物質の分布を正確に描き出せれば，暗黒物質の性質（たとえば，重力以外はまったく相互作用しないのかなど）を探ることもできる．

6.5　すばる望遠鏡

　最後に，日本が所有する大型望遠鏡，すばる望遠鏡をくわしく紹介しておこう．表 6.2 はすばる望遠鏡の年表である．建設から完成までおよそ 10 年かかっている（計画段階も含めればもっと長い）．完成後は常時 100 人近くが山麓施設に勤務し，観測や望遠鏡の維持・改良に携わっている．大学院生も活躍している．

　すばる望遠鏡の主鏡は 1 枚鏡としては世界最大である．直径 8.2 m の鏡

表 6.2　すばる望遠鏡の年表

西暦	できごと
1991	国会が建設予算を承認，望遠鏡の建設開始
1992	山頂の工事開始
1994	主鏡の研磨開始
1996	ドーム内での望遠鏡の組立開始
1997	ドーム完成，ハワイ観測所の設置と職員の赴任開始
1998	ドーム内での望遠鏡の組立終了，主鏡の研磨が終了し山頂へ
1999	初めての天体観測（ファーストライト）
2000	共同利用観測開始

はその形状をコンピュータで制御されており，誤差わずか 0.014 μm という高い表面精度を実現している．これは関東平野を高低差 0.2 mm の誤差で平らにすることに相当する．他にも，高い画質を得るためのさまざまな工夫がほどこされている．

図 6.12 に示すように，すばる望遠鏡には 4 つの焦点（光が像を結ぶ場所）があり，それぞれに観測装置がつけられている．優れた装置も多いが，その中で遠方銀河の研究に最も貢献してきたのが主焦点カメラ Suprime-Cam (SUbaru PRIME-focus CAMera) である（図 6.13）．このカメラは東京大学と国立天文台の研究者 15 名が共同で開発した．リーダーは東京大学の岡村定矩で，筆者も開発に参加した．

主焦点は 4 つの焦点の中で一番広い視野をとれる．Suprime-Cam は，2000×4000 画素の CCD を 10 枚並べることで，$34' \times 27'$ という広い有効視野を実現している．総画素数は 8000 万画素である．主焦点の視野全面にわたって高い画質を実現するのは大変難しい．大型望遠鏡ですばるだけがそれに挑戦した．

Suprime-Cam の視野は満月の見かけの面積に相当する．こう聞くと狭いようだが，図 6.14 に示すように，他の大型望遠鏡のカメラの視野よりもずっと広い．これは遠方銀河の観測に決定的に有利である．遠方銀河は数が少ないので，視野が広くないと発見が難しい．実際，2007 年時点で知られている最遠方の銀河（$z = 6.96$）は Suprime-Cam で発見されたものであ

① 主焦点
② ナスミス焦点（可視光）
③ ナスミス焦点（赤外線）
④ カセグレン焦点

図 6.12 すばる望遠鏡の 4 つの焦点 [50].

る[*5].

　広い視野は銀河の空間分布の研究にも適している．7.6 節でくわしく述べるように，銀河の空間分布は，銀河がどんなダークハローの中で進化するかを探るうえで欠かせない情報である．すばる望遠鏡は遠方銀河の探査と空間分布の研究で世界の先頭にいる．

　現在 Suprime-Cam の後継機が開発中である．Hyper Suprime-Cam と名づけられたこのカメラは，200 枚の CCD を使い，Suprime-Cam より 1 桁広い有効視野をもつ（3.14 平方度もしくは 1.77 平方度の予定）．

　Suprime-Cam と Hyper-Suprime-Cam は可視のカメラだが，2006 年からは MOIRCS（Multi-Object Infrared Camera and Spectrograph）という近赤外のカメラも稼働を始めた．MOIRCS はカセグレン焦点に付けられており，大型望遠鏡の近赤外カメラとしては最大の $7' \times 4'$ の視野を誇る．

[*5] 分光による赤方偏移の決定は「すばる」の FOCAS（Faint Object Camera And Spectrograph）という分光器で行われた．

図 6.13 主焦点カメラ Suprime-Cam. 光は下から入れる. 国立天文台提供 [51].

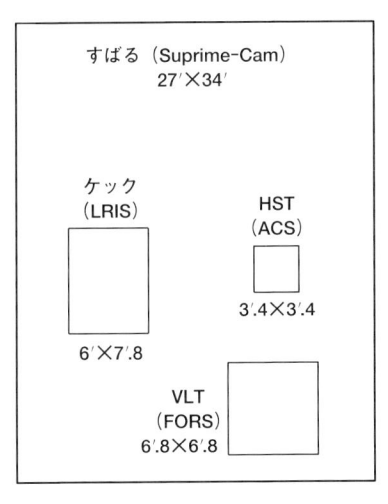

図 6.14 大望遠鏡のカメラの有効視野の比較. すばる：すばる望遠鏡, ケック：ケック望遠鏡, HST：ハッブル宇宙望遠鏡, VLT：VLT 望遠鏡. Suprime-Cam, LRIS, ACS, FORS はカメラの名前.

コラム 16 ● 地上の観測適地

いくら大きな望遠鏡をつくっても天気が悪ければ観測できない．望遠鏡をどこに設置するかは，その望遠鏡が成果を出せるかどうかを大きく左右する．

一般に，人の住みやすい場所は観測に不向きである．住みやすい場所はたいてい適度に雨が降り，人工物が多く，標高も低い．天体観測に適するのは，雨が降らず，大気が安定しており，周囲に人工物がなく（したがって夜空が暗く），標高の高い場所である．空気は観測にとって何のメリットもないので，標高は高ければ高いほどよい．もっとも，あまり険しい山の上では観測が命がけになるので，アクセスもほどほどに良くなければいけない．

世界広しといえどもこれらの条件を満たす場所は限られている．現在大望遠鏡がたくさん置かれている場所は，ハワイ島のマウナケア山の山頂（標高4200 m），チリのアンデス山脈（2600 m），そして，モロッコの沖にあるカナリア諸島のラパルマ山（2400 m）などである．図 6.15 と 6.16 はマウナケア山の山頂の様子である．すばる望遠鏡やケック望遠鏡をはじめとした，大小 10 台以上の望遠鏡が並んでいる．

図 **6.15** マウナケア山頂の様子．遠くに見えるのは同じハワイ島にあるマウナロア山（標高はほとんど同じ）．ハワイ大学提供 [52]．

観測適地は他にもまだ眠っていそうだ．アンデスのアタカマ砂漠の 5000 m 級の高原は魅力的である．アタカマ大型ミリ波サブミリ波干渉計（Atacama Large Millimeter/submillimeter Array：ALMA）という巨大電波干渉計が建設中である（9 章参照）．南極も注目されている．高山があり，晴天率が高く，湿度も低い．

大気圏の外に行けば大気のしがらみから完全に自由になる．しかし，宇宙望遠鏡の建設と軌道への投入には，地上望遠鏡より高い技術と高額の予算を必要とする．修理や改良もままならない．とはいえ，地上では行えない観測をする場合は大気圏外に出ていかねばならない．とくに，今後の銀河研究の中心課題になるだろう超遠方の銀河の観測には，赤外線の波長で深く宇宙を見通せる大型の宇宙望遠鏡が必須である．

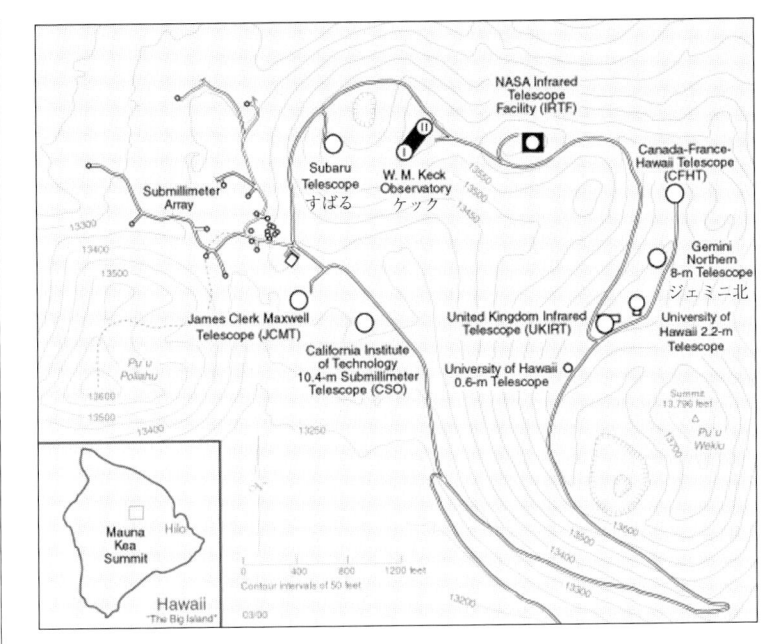

図 6.16 マウナケア山頂の地図. 左下はハワイ島の全体図. ハワイ大学提供 [52].

コラム 17 ● すばる望遠鏡で観測するには

　すばる望遠鏡は公開された共同利用の望遠鏡なので，良い観測計画をもっていれば誰でも使うことができる．もしあなたがすばるで何かを観測したいと思い立った場合，次のような流れで進むことになる．くわしい手続きはすばる望遠鏡のウェブページに載っている[*6]．

(1) 観測提案を提出する．他の多くの望遠鏡と同様に，すばるは半年に一度観測提案を受け付けている．どの天体をどんな目的でどのように観測したいかを書いて観測所に送る．審査員には外国の専門家も含まれているので，申請書は英語で書く．

(2) 観測提案の審査．集まった観測提案は専門家によって審査され，上位のものが採択される．すばるは人気が高いので競争率は3倍ぐらいある．

(3) 採択された申請をもとに観測所が観測スケジュールをつくり，各申請者に通知する．1件の申請に平均数夜が与えられる．

(4) 観測に出向く．2007年現在，1件の観測申請あたり3人まで観測にいくことができる．旅費は原則として観測所がもつ．観測は最初はすべて物珍しく，マウナケア山頂の景色もすばらしいので，遠足気分になる．ただ，山頂の気圧は平地の6割しかないので，息苦しさを覚える人もいる．最近は山麓の施設から遠隔操作で観測することも多い[*7]．観測所に滞在する日数は通常1週間ほどである．夕方起きて朝に寝る生活になる．観測が終わるとすぐに帰国する．

(5) とったデータは海底ケーブルを通って太平洋を横断し，東京都三鷹市の国立天文台に送られる．観測者は国立天文台のデータベースにアクセスしてデータをダウンロードする．

(6) データをすみやかに解析して論文を書く．データは，観測から18カ月後には公開されてしまい，誰でも使えるようになる．それまでに結果を出さなければいけないので焦る．「論文を書くまでが遠足です．」

[*6] http://www.naoj.org/j_index.html
[*7] なお，マウナケアといえども天気の悪い日もある．じつはマウナケアは現地の言葉で「白い山」であり，雪も時々降る．割り当てられた5夜がずっと雨や雪だったということもある．残念ながら悪天候の際の補償はない．ハワイにいく前は天気予報を見ないことにしている人もいるようだ．

7 遠方銀河の世界

　この章では，最新の観測から明らかになった遠方銀河の世界を紹介する．遠方銀河の特徴を1つあげるとすれば活動性の高さだろう．遠方銀河は，星形成活動や銀河同士の相互作用が活発である．その結果，現在の宇宙には見られないような極端な性質の銀河が存在する．たとえばある銀河では，激しい星形成によってできた大量のダスト（固体微粒子）が銀河全体を完全に覆い隠してしまっている．現在の銀河も多様だが，遠方銀河の振れ幅はずっと大きい．

　遠方から近傍までの観測を総合すると，宇宙全体の星形成活動は宇宙が10億歳から50億歳の頃にピークを迎え，その後は時間とともにおとなしくなることがわかる．銀河の形態はこの星形成のピークが過ぎる頃に確立する．我々は銀河宇宙の成熟期に生きているらしい．

7.1　銀河の青春期：星形成の最盛期

星形成率とは

　星形成の活発さの度合は星形成率という量で測る．星形成率とは，その銀河で1年間に生まれる星の総質量のことで，$M_\odot \, \mathrm{yr}^{-1}$ という単位で表す[*1]．たとえば $1 M_\odot \, \mathrm{yr}^{-1}$ とは1年間に太陽1個分に相当する星が生まれることを意味する．1年間に $1 M_\odot$ 相当のガスが星になるといってもよい．

[*1] yrは年の意味．

ここで注意すべきは，$1M_\odot \mathrm{yr}^{-1}$ とは毎年太陽のような星が実際に 1 個ずつ生まれるという意味ではないということである．銀河の中の星形成の現場では，冷たいガス雲から長い年月をかけて星が生まれる．生まれた星々の中で，どんな質量の星が何割を占めるか（これを初期質量関数という．コラム 18 参照）はかなり普遍的に決まっている．その結果，1 つの銀河に注目すれば，太陽のような星は 10 年に 1 個のペースで生まれ，太陽の 10 倍の質量の星は 1000 年に 1 個のペースで生まれる，というような状況になる．これを時間でならした量が星形成率である．

銀河系の星形成率はざっと $3M_\odot \mathrm{yr}^{-1}$ である．一見するとたいした値ではないようだが，この星形成率が銀河系の年齢（およそ 100 億歳）続けば，$3 \times 10^{10} M_\odot$ の星をつくれる．これは立派な銀河 1 個分の星質量に相当する．

星形成率の測り方

銀河の星形成率はスペクトルから測る．個々の星を直接数えることは現在の望遠鏡ではとても無理である．

ガスから生まれた一群の星が放つ 2000 Å 以下の遠紫外の光は，ほとんどが $M > 10M_\odot$ という重い星からのものである．これらの重い星の寿命は 2×10^7 年程度以下であり，銀河の進化の時間スケールに比べて一瞬とみなせるほど短い．したがって，ある銀河の遠紫外の光度は，その瞬間に生まれた重い星の総数に比例すると考えてよい．重い星の数がわかれば，IMF を仮定することで星の質量の総和が求まる．このようにして，銀河の遠紫外光の光度から星形成率を推定できる．

遠紫外光は本来地球大気に吸収されて地上には届かないが，幸いなことに遠方銀河からの遠紫外光は大きな赤方偏移を受けて可視の波長として届く．したがって地上からでも容易に観測できる．

しかしこの方法にも弱点がある．銀河にダストが存在すると，遠紫外光は銀河から出るまでにダストに吸収されてしまう．そのため，ダスト吸収の大きさを補正しないと，星形成率を低く見積もってしまうのである．ダスト吸収の量はあまり精度良く測れないため，補正の不定性は大きい．ダストについては 7.4 節でくわしく述べる．

星形成率を測る方法は他にもいくつか考案されている．たとえばライマン

コラム 18 ● 初期質量関数

星が生まれるときの質量分布を示す関数を初期質量関数という．英語では Initial Mass Function と書き，IMF と略す．質量分布とは，質量別の星の頻度分布のことである．生まれるとき（これが「初期」の意味）と特定しているのは，星の寿命が質量によって異なるからである．

IMF を測るのは大変難しいため，銀河系の中の，それも太陽の近くぐらいでしか直接は測られていない．ただ，IMF が銀河間で大きく異なるという証拠は，少なくとも現在の銀河については得られていない．

IMF の近似式としては

$$n(M)\mathrm{d}M \propto M^{-2.35}\mathrm{d}M \tag{7.1}$$

という関数がよく用いられる．$n(M)\mathrm{d}M$ とは $[M, M+\mathrm{d}M]$ の質量幅にある星の数（相対数）である．生まれる星の質量には上限と下限がある．上限は $100 M_\odot$ 程度，下限は $0.1 M_\odot$ 程度と考えられている．

(7.1) 式からわかるように，生まれてくる星の数は，質量が大きくなると急激に減る．その結果，星の質量の総和の大部分は太陽程度以下の軽い星で占められる．たとえば 0.1-$1 M_\odot$ の星が占める質量の割合は

$$\int_{0.1}^{1} M n(M)\mathrm{d}M \Big/ \int_{0.1}^{100} M n(M)\mathrm{d}M \approx 60\,\%$$

である．

銀河の星形成史は，各時刻の星形成率と IMF を与えれば決まる．銀河のスペクトルは基本的に星のスペクトルの重ね合わせなので，銀河のスペクトルも IMF に依存する．IMF と星形成率を与えて銀河のスペクトルを合成することを「星の種族合成」という．星の種族合成は，遠方銀河の明るさや色を予想するのに不可欠な技術である．

通常は IMF は時間によらないと仮定されているが，最近の理論研究によると，ガスが重元素をほとんど含まない場合は，(7.1) 式に比べて重い星の比率が非常に高くなるらしい．重い星は青いので，そういう IMF をもつ銀河のスペクトルも青くなる．実際，通常では考えられないような青い色の銀河も遠方で見つかってきている．

α 輝線や Hα 輝線や赤外スペクトルを使うものである．それぞれに長所と短所がある．一般に，波長が長いほどダスト吸収の影響が小さくなるが，地上からの観測は難しくなる．

遠方銀河の星形成率

遠方銀河は星形成率が高い．平均の星形成率は現在の銀河の 10 倍にもな

る．これを示したのが図 7.1 である．この図は，横軸に星形成率をとり，縦軸にその星形成率の銀河の数密度をとって，$z=0$ から 6 までのデータを描き入れたものである[*2]．観測上の制約（遠方では暗い銀河が検出できないということ）により，星形成率の小さい遠方銀河のデータは得られていない．

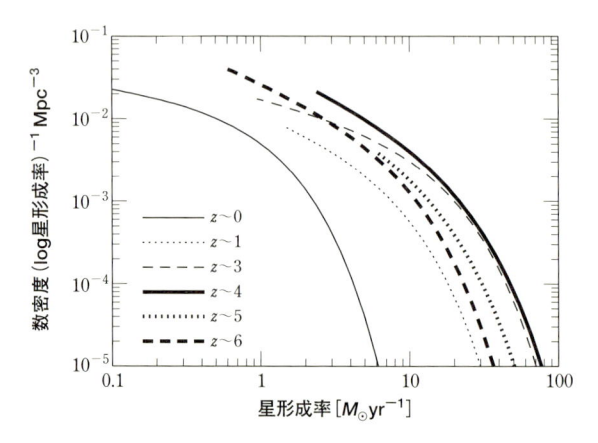

図 **7.1** 銀河の星形成率関数．横軸は星形成率（$M_\odot\,\mathrm{yr}^{-1}$），縦軸は数密度（星形成率 1 桁幅あたり $1\,\mathrm{Mpc}^3$ あたりの個数）．$z\sim 2$ にはまだ良いデータがない．

この図から，遠方宇宙には星形成率の高い銀河がたくさん存在することがわかる．$z\sim 0$ のデータの横軸の値を一律に 10 倍すれば，$z\sim$ 3-4 のデータにほぼ合う．一方，$z\sim 5$ より過去では星形成率はやや低下しているように見える．$z\sim 1$ での星形成率が $z\sim$ 3-4 より低いことも考慮すると，銀河の星形成活動は $1<z<5$ のどこかにピークがあると推定される．

遠方には $10 M_\odot\,\mathrm{yr}^{-1}$ を大きく上回る銀河がありふれている．じつは，ここで測っている星形成率は，測定の際にダスト吸収の影響を補正していないため過小評価になっており，補正を行えば $100 M_\odot\,\mathrm{yr}^{-1}$ に達する銀河もたくさんあると考えられる．もしこれほど高い星形成率が現在まで続けば，巨大な銀河が多くなりすぎてしまう．したがって，図に見られる高い星形成率は短い時間しか続かないはずである．

[*2] 3 章で出てきた光度関数に似た概念である．

遠方銀河の星形成率密度

図のデータを星形成率について積分すると，宇宙空間の積算の星形成率——その赤方偏移において，宇宙の単位体積で毎年どれだけの質量の星が生まれているか——がわかる．これを星形成率密度という．

これまでに得られている多数の星形成率のデータから星形成率密度の時間変化を調べたのが図7.2である．横軸には宇宙年齢をとり，データのシンボルは星形成率の測定方法に応じて変えてある．

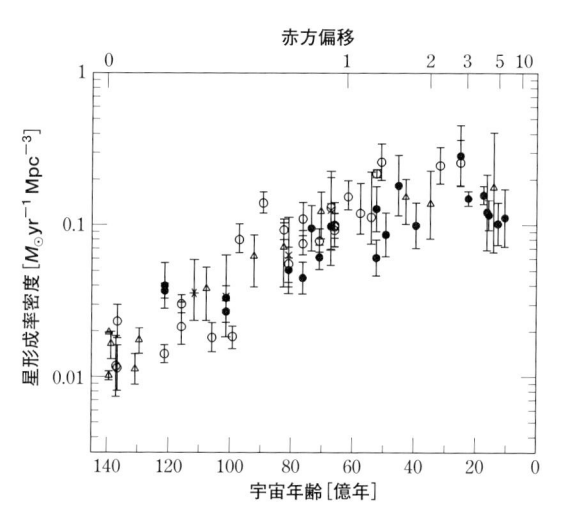

図 **7.2** 宇宙の星形成率密度の進化．下の横軸は年齢，上の横軸は赤方偏移で，左端が現在．縦軸は $1\,\mathrm{Mpc}^3$ あたりの星形成率．さまざまな測定法による結果が示されている．●は遠紫外線，○は輝線，×は中間赤外線もしくは遠赤外線，△は電波，＊はX線．[53]のデータを用いて作成．

この図から，星形成率密度は宇宙が20億歳から50億歳の頃に最大になり，それ以降は時間とともにしだいに低下していることがわかる．これは星形成率の図からも予想されたことである．宇宙の歴史の中で，現在は星形成活動のおだやかな時代である．

星形成率密度が時間とともに低下する理由はまだよくわかっていない．宇宙空間は膨張とともに密度が下がる．そのため，より後になって成長した銀河ほど内部密度が低くなる．密度が低いとガスが冷えにくくなり，星形成の材料である冷たいガスが減ると予想される．この予想は，星形成率密度の低

> **コラム 19 ● 未来の星形成率密度**
>
> 図 7.2 を見ると，60 億歳以降の星形成率密度は，約 80 億年に 1 桁のペースで低下している．このペースがこれからも続くとすると，今後新たにつくられる星の総量は，これまでにつくられた星の総量の 5% 程度にしかならない．宇宙はその生涯につくる星の大部分をすでにつくり終えてしまったわけである．
>
> この予想が正しいとすると，あまり遠くない未来に宇宙の大部分の星が燃えつきてしまう．星にも寿命があるからである．現在の宇宙の年齢が 100 億歳程度しかないのは，あまりに高齢の宇宙には生命の維持に必要な星が存在しないためかもしれない．この場合，星形成率の減少するペース（80 億年）と現在の宇宙年齢（140 億年）が近いのは偶然ではないことになる．

下を定性的には説明するが，個々の銀河の星形成まで考えると，この説明では不十分である．

銀河を個別に調べてみると，星形成活動はさまざまな理由で低下することがわかる．ある銀河は，銀河団の中に突入してガスがはぎとられて星形成を止める．周囲の銀河との相互作用でガスが抜きとられることもあるらしい．星形成は銀河同士の合体に誘発されることがあるが，観測によると，銀河同士の合体は時代が下るとともに減っていく．

星形成活動の低下は銀河の形態の進化とも関係している．銀河団に突入した渦巻銀河は，ガスがはぎとられて星形成が止むと S0 銀河になるらしい．星形成している銀河同士が合体すると，ガスが短い時間で消費され，最後は楕円銀河になることもある．

星形成率密度の低下の原因を突き止めるには，個々の銀河に立ち戻って，その銀河を取り巻く環境を調べ，星形成率を制御する機構を特定しなければいけない．そうすることで，銀河の形態の起源や進化の手がかりも得られるだろう．

7.2 青春期の銀河の混沌とした姿

銀河の形態を調べるには物理的スケールで 1 kpc 程度の分解能が必要である．これは遠方銀河ではおよそ $0.''1$ に相当する[*3]．

[*3] 遠方では宇宙膨張の効果のために銀河の見かけの大きさは赤方偏移にあまりよらなくなる．

遠方銀河の形態の研究はハッブル望遠鏡によって初めて可能になった．宇宙空間では大気のゆらぎによる像の劣化がないため，理論的限界（回折限界）に近い角分解能が得られる．角分解能とは，分離していることが識別できる2つの点源間の最小角のことで，その理論的限界は波長と望遠鏡の口径の比で決まる．波長が短く口径が大きいほど角分解能は高い．ハッブル望遠鏡の場合，可視光でおよそ $0.\!''05$ である．一方，地上望遠鏡の角分解能は大気のゆらぎで決まり，観測条件の良い場所でも $0.\!''5$ 程度である．

図7.3はハッブル望遠鏡による $z\sim2$ の銀河のスナップショットである．小さくコンパクトなものもあれば淡く広がったものもある．複数の明るい部分をもつものも多い．いずれにしても大部分の銀河は不規則な形をしており，現在の楕円銀河や渦巻銀河に似た銀河はほとんど見あたらない．

これは何を意味するのだろうか．この図の銀河は当時の明るい銀河ばかりである（暗い銀河は観測できない）．現在の宇宙では明るい銀河の大多数は楕円銀河かS0銀河か渦巻銀河なので[*4]，図の銀河は将来これらの銀河（の少なくとも一部）になるのだろう．したがって，楕円，S0，渦巻銀河の $z\sim2$ の祖先は，不規則な形をしていたか，あるいは，図の銀河よりも暗かった可能性がある．後者の可能性には，まだ成長していなくて暗い場合や，ダストに隠されて暗い場合などが考えられるだろう．

では現在見られる楕円銀河や渦巻銀河はいつごろ現れたのだろうか．多くの研究によると，$z\sim1$ の銀河にはハッブル系列が見られる．したがって，ハッブル系列は $2>z>1$ の間——宇宙が30億歳から60億歳——にできあがったと推定される．

遠方銀河の形が不規則なのは，周囲の銀河と合体や相互作用をしている（あるいはしたばかりの）ためなのかもしれない．宇宙は昔ほど小さかったので，銀河同士の距離も近かった．合体や相互作用が頻繁に起きても不思議はない．あるいは，合体や相互作用とは関係のない，銀河自身に内在する性質によるのかもしれない．たとえば，遠方では星の材料となる冷たいガスがたくさんある．それらが大きな塊となって不規則に分布しているために，星の分布も不規則になるのかもしれない．原因を特定するには，形態だけでは

[*4] 3章の光度関数を参照．

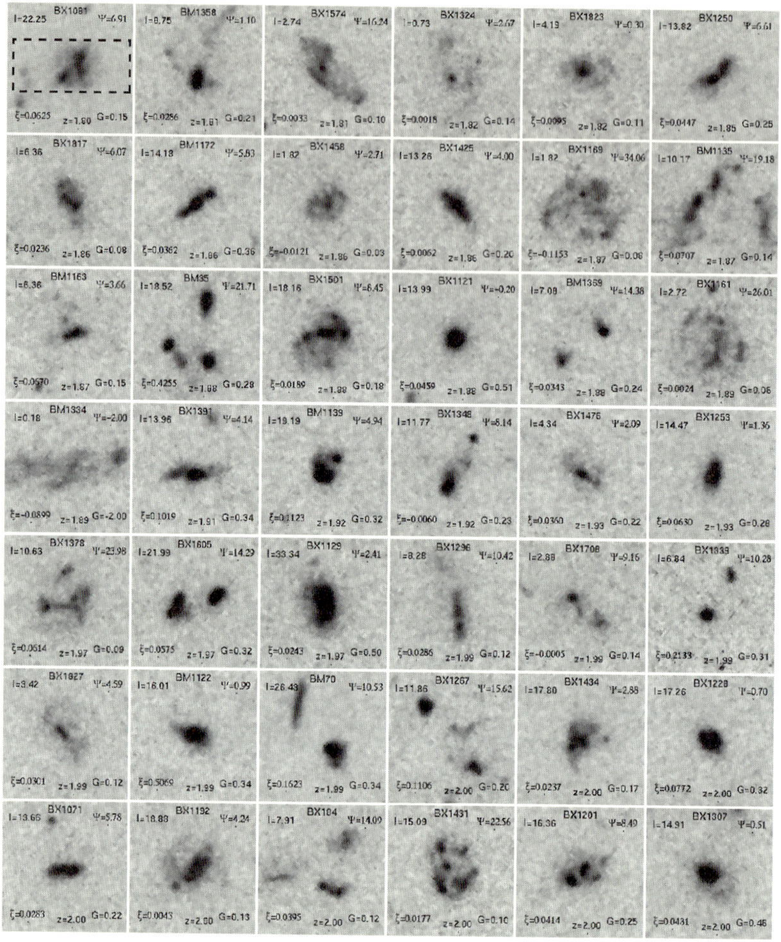

図 **7.3** $z \sim 2$ の銀河の姿．ネガの画像であるため，黒い部分ほど光が強い．各画像の一辺は $3''$ で，これは $z = 2$ では $26\,\mathrm{kpc}$ にあたる．ハッブル宇宙望遠鏡撮影 [54]．

なく，銀河の内部運動やガスの分布なども調べる必要がある．

　形態の進化を宇宙の星形成活動の進化と絡めて考察してみよう．図の多くの銀河は活発に星をつくっている．遠方では，星形成活動の中心を担う銀河は不規則な形をしているのである．一方，現在の宇宙では，星形成はおもに渦巻銀河のディスクで静かに起きており，不規則銀河からの寄与は低い．もっとも，星形成がきわめて活発な銀河（数としては少ないが）は，ほぼ例外

コラム 20 ● 大気のゆらぎを止める：補償光学

ハッブル望遠鏡といえども，あまりに遠くにある銀河の形態を調べるのは難しい．角分解能が不足なのではなく，集光力が足りないからである．宇宙膨張による効果で，銀河の表面輝度（単位立体角あたりの明るさ）は $1+z$ の 4 乗に比例して暗くなる．そのため，銀河は端のほうからどんどん見えなくなってしまう．

この問題を乗り越えるには，もっと大きな宇宙望遠鏡を打ち上げるのもよいが，地上の大望遠鏡の角分解能を上げるのも有力である．地上の大望遠鏡の集光力はハッブルの 10 倍以上あるからである．冒頭で，地上の望遠鏡の角分解能は大気のゆらぎで制限されると述べた．しかし補償光学という新技術を使えば，望遠鏡の口径で決まる理論的限界まで角分解能を上げることができる．

補償光学とは，明るい星をモニターして大気のゆらぎを測り，それをリアルタイムで補正する技術であり，すばる望遠鏡をはじめとした大望遠鏡で使われ始めている．ゆらぎの補正には，鏡面の形を自由に変えられる可変形状鏡を使う．カメラ（観測装置）の手前に可変形状鏡を置き，ゆらぎによる光の波面の乱れをちょうど打ち消すように，鏡面の形を瞬時に変える．そうして得られた乱れのない画像をカメラが受ける．いわば望遠鏡の中で大気のゆらぎを止めるわけである．

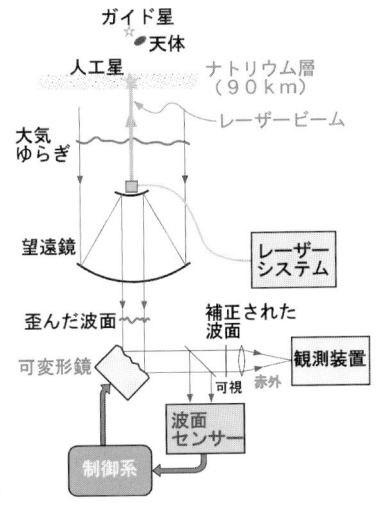

図 7.4 すばる望遠鏡のレーザーガイド補償光学．地上 90 km の上層大気にレーザーを照射して，調べたい銀河のすぐ近くに人工の星（ガイド星）をつくる．ガイド星の像を波面センサーで解析して大気のゆらぎを測り，その情報をもとに可変形状鏡を瞬時に変化させてゆらぎを打ち消す．これを毎秒 1000 回行う．国立天文台提供 [55]．

大気のゆらぎは方向ごとにまったく違うため，ゆらぎのモニターは調べたい銀河とほぼ同じ方向にある星で行わなければいけない．しかしいつもうまいぐあいに明るい星があるとは限らない．遠方銀河の観測は星の少ない天域で行われるからなおさらである．そこで，地上からレーザー光を上層大気に照射して希望の方向に人工の星をつくる技術が開発されている．図 7.4 にすばる望遠鏡の例を示す．

補償光学を使えば，角分解能についても望遠鏡本来の性能を引き出せる．補償光学は次世代の 30 m 級の望遠鏡の標準装備となるだろう．

なく不規則な合体銀河である．

宇宙全体の星形成活動は $z \sim 1$-2 の頃から現在に向けて低下しはじめる．これは，ハッブル系列ができた時代と重なっている．星形成の活動性と銀河の形態の間には何らかのつながりがありそうだ．

7.3　生まれたての銀河？

遠方宇宙には，現在の宇宙には見られない特異な銀河種族が存在する．本節と次節ではその例を紹介する．銀河の進化史におけるそれらの銀河種族の役割についてもふれる．

本節で紹介するのはライマン α 線で輝く銀河である．前に述べたように，ライマン α 輝線は，水素原子がエネルギー準位 2 の励起状態から基底状態に移るときに出る．一般に輝線の強弱は等価幅という量で測る．等価幅とは，連続光成分に対する輝線の強度のことで[*5]，これが大きいほどスペクトルの中で輝線が目立つ．輝線がどんなに明るくても，連続光も強ければ等価幅は小さい．

ライマン α 線で輝く銀河とは，等価幅の大きい銀河を指す．この銀河が面白いのは，生まれたての銀河の可能性があるからである．理論の予想によると，ガスが冷えながらダークハローの中心に落下している銀河や，最初の激しい星形成によってガスが周囲に流れ出している銀河は，大きなライマン α 等価幅をもつ．多くの場合，こうした銀河のライマン α 輝線は空間的に広がっている．また，非常に若い星や重元素量の少ない星を含む銀河もライマン α 等価幅は大きい．

図 7.5 はこうした特徴をもつ銀河の極端な例である．この銀河は，$z = 3.1$（宇宙年齢およそ 20 億歳）で偶然見つかった，ライマン α 線で光る巨大な銀河である．370 Å 以上という飛び抜けて大きな等価幅をもつ．この画像は中心波長が 4970 Å の狭帯域バンドで撮られた[*6]．像には，多数の超新星爆発によってできたかのような空洞も見られる．

[*5] 正確には，輝線のフラックス（$\mathrm{erg\,s^{-1}\,cm^{-2}}$）を，その波長での連続スペクトルのフラックス密度（$\mathrm{erg\,s^{-1}\,Å^{-1}\,cm^{-2}}$）で割った量で，波長（Å）の次元をもつ．

[*6] $z = 3.1$ に赤方偏移したライマン α 線はちょうどこのバンドの感度域に入る．

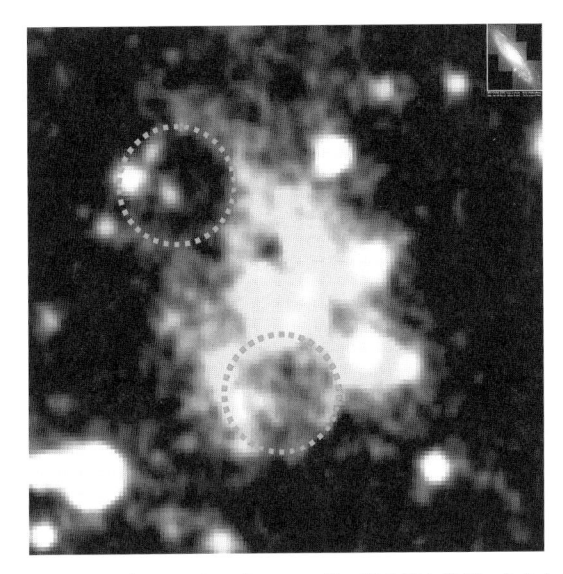

図 7.5　$z = 3.1$ で見つかったライマン α 線で光る巨大銀河．もやもやと大きく広がっており，さしわたしは 100 kpc もある．2 つの円は空洞領域．この距離に置かれたアンドロメダ銀河の見かけの大きさを右上隅に示す．すばる望遠鏡撮影．松田有一氏提供 [56]．

　この銀河のさしわたしは 100 kpc ほどもある．比較のために，この距離に置いたアンドロメダ銀河の見かけの大きさを右上隅に示した．
　これまでの遠方銀河の観測からいろいろな進化段階の銀河が見つかっているが，生まれたての銀河はまだ確認されていない．ライマン α 輝線の強い銀河は，この「銀河進化のミッシングリンク」を埋める有力な候補である．しかし，生まれたてであることを立証するにはライマン α 線の撮像だけでは足りない．波長分解能の高い分光観測をしてガスの運動やライマン α 線以外の（ずっと弱い）輝線を調べたり，可視域以外のスペクトルを調べる必要がある．残念ながら現在の望遠鏡ではこうした観測は難しい．

7.4　ダストに隠された暗黒の銀河：楕円銀河の祖先？

　この節では，可視や近赤外ではほとんどまったく見えないが，サブミリ波で見ると明るく光っている銀河を紹介する．キーワードは「ダスト」と

> **コラム 21 ● ダストとは**
>
> 　たいていの銀河は多かれ少なかれダストを含んでいる．ダストとは星間をただよう固体微粒子のことで，大きさは 0.01-0.1 μm，組成はシリケイト（珪酸塩），グラファイト，固体の水（氷），有機物質，多環式炭化水素などと推定されている．天の川のあちこちに見られる暗い領域は，ダストが背後の星を隠しているものである．地球もダストが集積してできた．
>
> 　ダストは星からの光を吸収する．短い波長の光ほど強く吸収するので，ダストが多い銀河ほど本来より赤く見える．しかも，ダストに吸収された光は中間赤外や遠赤外線で再放射される（エネルギー収支はゼロ）ので，その辺りのスペクトルに山ができる．山の位置，すなわち再放射の波長は，ダストの温度で決まる．

「爆発的星形成」である．

　通常の銀河のスペクトルは，星からの光の単純な足し合わせで近似でき，強度のピークは $\sim 1\,\mu$m かそれ以下にくる．ところが，星形成が活発な銀河では，ダストの材料である重元素がたくさんつくられ，超新星爆発などによってばらまかれる．その結果，星からの光はほとんどがダストに吸収されてしまい，大部分のエネルギーを遠赤外域から放射する特異な銀河として観測される[*7]．このときダストの温度は 30-50 K 程度になる．

　参考までにライマン α 光子はダストにきわめて吸収されやすい．したがって，ライマン α 輝線銀河はダストをほとんど含んでいないはずであり，ここで考察している銀河とは対極にあると考えられる．

　図 7.6 は，銀河系の近くにある Arp 220 という星形成銀河のスペクトルである．この銀河は数億年前に 2 つの銀河が合体してできた銀河で，合体の衝撃で今も爆発的に星をつくっている．この銀河の画像を図 7.7 に示す．図 7.6 を見ると，観測されるスペクトルは 50 μm 付近にピークがあり，紫外と可視ではずっと弱い．右下がりの破線は，ダスト吸収がない場合に予想されるスペクトルである．星形成が活発なため紫外域で最も強い．ダストは，銀河の質量のごくわずかしか占めていないにもかかわらず，銀河のスペクトルを一変させる．

　こうしたダスト吸収の大きい星形成銀河は，$z \sim 2\text{-}3$ では現在の 10^3 倍も存在することが知られている（これより遠くはわからない）．遠方における

[*7] 巨大なコタツのようなもの．

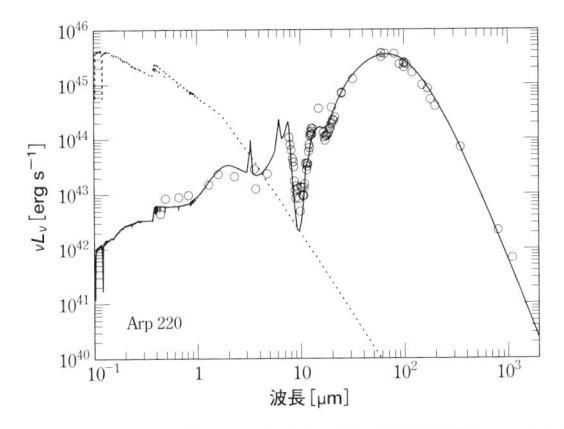

図 **7.6** Arp 220 という近傍のダスト吸収の強い星形成銀河のスペクトル．白丸はデータ，実線はデータに最も良く合うモデル．破線は，モデルからダスト吸収の効果を引き去ったもの（すなわち，星からの本来のスペクトル）．本来のスペクトルは紫外域にピークがあるが，現実のスペクトルは，強いダスト吸収のために遠赤外にピークがある．高木俊暢氏提供 [57]．

図 **7.7** Arp 220 の可視の拡大画像．怪しげである．ハッブル宇宙望遠鏡撮影 [58]．

この類いの銀河は，スペクトルのピークがサブミリ波に赤方偏移しているので，サブミリ波銀河とよばれる．

図 7.8 と図 7.9 はサブミリ波銀河の例である．前者は可視でも近赤外でも見えない例，後者は可視で見える例である．可視で見えるものは軒並不規則な形をしている．

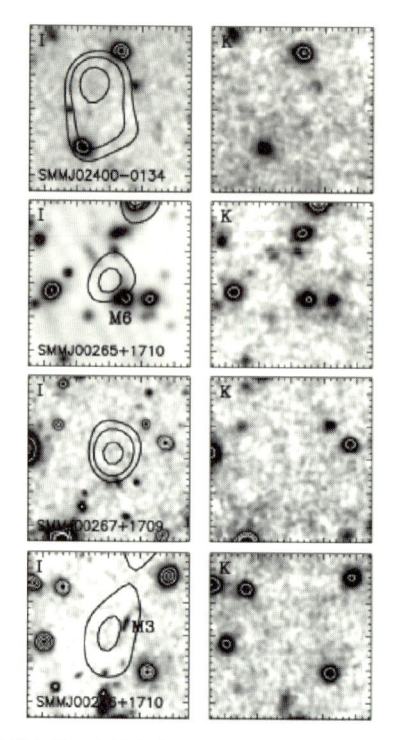

図 7.8　可視でも近赤外でも見えないサブミリ波銀河．左が可視の I バンド，右が近赤外の K バンドの画像．いずれもネガの画像である（つまり黒い部分ほど光が強い）．等高線はサブミリ波の輝度分布を表す [59]．

　これまでに見つかっているサブミリ波銀河は，典型的に太陽光度の 1 兆倍もあり，推定される星形成率は $10^3 M_\odot \mathrm{yr}^{-1}$ に達する．この星形成率がほんの 1 億年続けば立派な銀河ができてしまう．理論によると，大量のガスが短期間で星になると楕円銀河になる．したがってサブミリ波銀河は楕円銀河の祖先である可能性が高い．サブミリ波銀河は（楕円銀河がそうであるように）重いダークハローに属しているという観測もある．

　銀河の星形成活動は，星からの光が直接観測できるものと，間接的にしか観測できないもの（隠された星形成）に分けられる．ダスト吸収が小さい銀河が前者，大きい銀河が後者である．遠方銀河のうち，遠紫外光から星形成率が推定できるのは前者に限られる．前者が渦巻銀河，後者が楕円銀河の祖先なのかもしれない．面白いことに遠方ほど後者の比率が高まるようだ．い

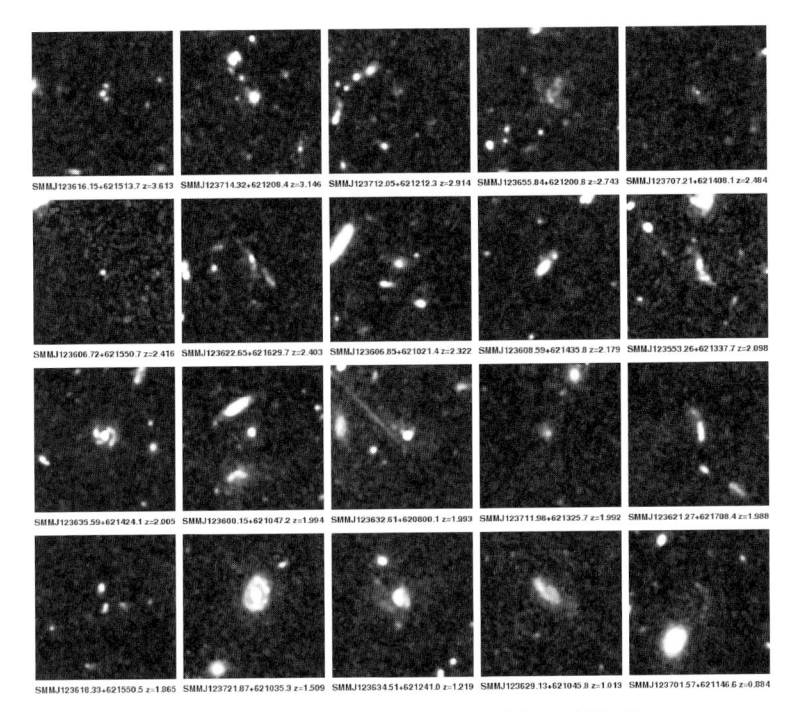

図 **7.9** 可視光で見えているサブミリ波銀河の例 [60].

ずれにしても，可視に頼った観測では，銀河の星形成史の半分——ひょっとしたら楕円銀河の形成史——を見落としてしまうおそれがある．

　サブミリ波の観測技術はまだ感度と角分解能が低いため，残念ながらサブミリ波銀河の理解はあまり進んでいない．可視や近赤外で暗いので赤方偏移を測ることすら難しい．現在建設中の巨大電波干渉計 ALMA（9.2 節参照）に期待しよう．

7.5　クェーサー：成長する超大質量ブラックホール

　ここで，遠方宇宙の名脇役[*8]，クェーサー（quasar. QSO とも記す）を紹介しておこう．クェーサーとは，星のような点源に見えるが銀河よりもはる

[*8] 筆者にとっては．ただし，人によっては主役．

コラム 22 ● 重い銀河ほど早く進化する

　現在の銀河は，重いものほど星の平均年齢が古い．実際，楕円銀河は大昔にほとんどの星形成を終えているのに対し，それより軽い渦巻銀河や不規則銀河はまだだらだらと星をつくっている．これは，宇宙における典型的な星形成銀河の質量は時間とともに小さくなる，と言い換えることができる．この傾向はダウンサイジングとよばれている．

　冷たい暗黒物質に基づく構造形成理論は，軽いダークハローが先にでき，それが衝突合体をくり返してしだいに重いダークハローができると予想する．すなわち，暗黒物質の質量集積で見ると，重いダークハローのほうが若い．このように，星の形成過程と暗黒物質の集積過程は向きが逆である．両者を調和させる方法はあるだろうか．それとも我々は何か錯覚しているのだろうか．

かに明るく光る天体である．数は少ないものの遠方宇宙に広く存在している．

　図 7.10 は，現在見つかっている最遠方のクェーサー（$z=6.42$，宇宙年齢 9 億歳）をハッブル宇宙望遠鏡で撮影した画像である．最高の角分解能を誇るハッブルでも点にしか写らない．

　クェーサーの正体は長い間謎だったが，現在では銀河の中心核の活動現象であると考えられている．多くの銀河の中心部には非常に重いブラックホールがあるとされる．なんらかの原因でブラックホールのすぐ外側にガスの円盤（降着円盤という）ができると，ガスは少しずつブラックホールに落ちていき，そのとき重力エネルギーを解放してX線から電波までの広い波長で光る．その明るさは銀河の星全体の明るさをはるかにしのぐため，点状の天体として観測される．これがクェーサーである．

　このような機構で輝く天体一般を活動銀河核という．クェーサーは最も明るい部類の活動銀河核である．大部分の銀河は中心部にブラックホールをもっているようだが，活動銀河核として観測されるには降着円盤が必要である．ブラックホール自身は光らないからである．少なくとも現在の宇宙では，降着円盤をもつ銀河の割合は低い．たとえば銀河系は，$4\times 10^6 M_\odot$ という重いブラックホールをもつが降着円盤はない．

　クェーサーは銀河よりはるかに少ない．つまり稀な天体である．その理由としては，クェーサーの母体の銀河自体が稀であるか，クェーサーとして輝く期間が短いか，あるいはその両方が考えられるだろう．

　クェーサーは銀河の楕円体成分（バルジと楕円銀河）の形成に関係してい

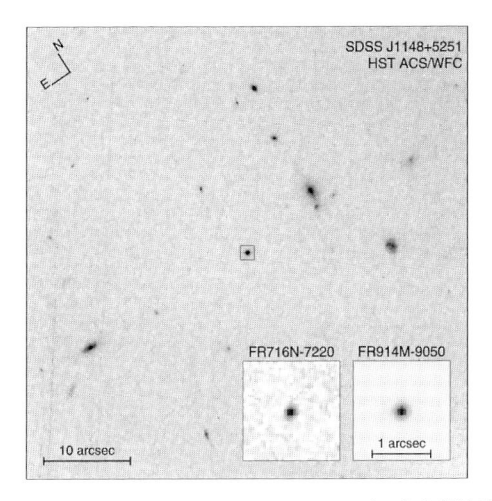

図 7.10 クェーサー SDSS J1148+5251 のハッブル宇宙望遠鏡の画像(中心の天体).右下の 2 枚は 2 つのバンドの拡大画像.拡大しても点にしか見えない.このクェーサーは SDSS によって 2003 年に発見された.赤方偏移 $z = 6.42$ にあり,現在知られている最も遠いクェーサーである.同じ距離にある銀河よりも 100 倍以上明るいため,見かけ等級も 20 mag(9000 Å 付近)と明るい [61].

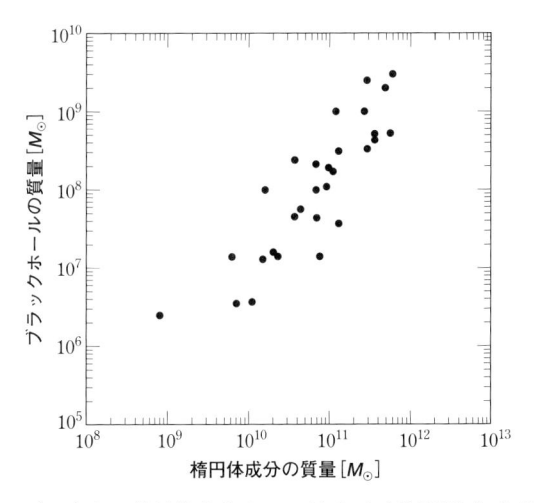

図 7.11 現在の銀河の楕円体成分(バルジもしくは楕円銀河)とその中心にあるブラックホールの質量の関係.横軸は楕円体成分の質量,縦軸はブラックホールの質量(いずれも太陽質量が単位).両者には強い正の相関がある.[62] のデータを用いて作成.

― コラム 23 ● 銀河の影絵：吸収線系 ―

　6章で述べたように，遠方銀河までの視線上に中性水素があると，銀河のライマン α 線の波長より短波長側のスペクトルが吸収される．6章ではこの効果を使って遠方銀河を選び出したのだが，じつは，吸収を受けたスペクトルから中性水素自身の性質を調べることができる（図7.12）．

　中性水素は宇宙空間に一様に分布しているわけではなく，大小さまざまな塊（雲）になって存在している．大きな雲は吸収も強いので，スペクトルも大きく削られる．このような，中性水素の雲による個々の吸収を吸収線系とよぶ．強い吸収線系はたいがい銀河である．つまり，吸収を通して銀河を影絵のように見ているわけである．普通の観測では暗くて写らないような銀河でも，吸収線系として検出できることがある．

　吸収線系の研究では，「光源」は明るければ明るいほどよい．吸収がよりはっきりと見えるからである（晴れた日に影が濃くなるのと同様）．遠方宇宙で最も明るい天体といえばクェーサーである．吸収線系の専門家は新しいクェーサーが発見されるのを待ちかまえており，発見されるとすぐにそのスペクトルをとって吸収線系探しをする．クェーサーに刻まれた吸収線は，遠方銀河を攻める重要な「からめ手」である．

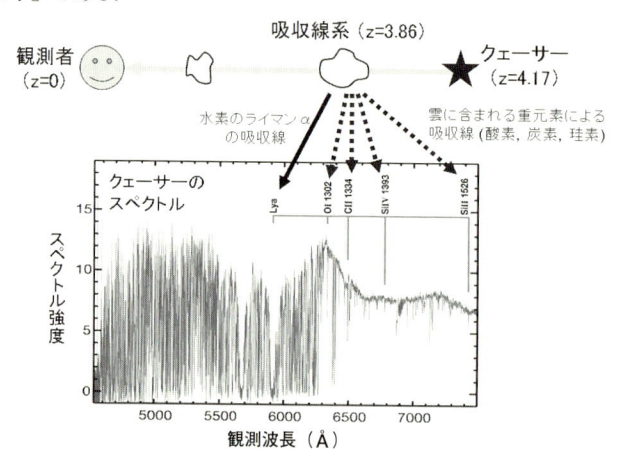

図 7.12 クェーサーのスペクトルに見られる吸収線系．この図ではクェーサーは $z = 4.17$ にあり，吸収線系は $z = 3.86$ にある．吸収線系のライマン α 線は，観測波長では $1216(1 + 3.86) = 5910$ Å である．吸収線系は微量の重元素を含んでいるため，重元素による吸収も起きる．この図では，酸素（静止系波長 1302 Å），炭素（1334 Å），硅素（1393 Å，1526 Å）の吸収線が見えている．クェーサー自身のライマン α 線は 6290 Å にある．これより短波長のスペクトルがぎざぎざになっているのは，視線上のさまざまな赤方偏移にある小さな中性水素雲のライマン α 吸収のためである．なお，6章の図 6.9 のスペクトルが滑らかなのは，吸収線系による吸収の平均値（たくさんの視線方向の平均）を使っているからである．[63] のデータを用いて作成．

るらしい．じつは，現在の銀河の楕円体成分とその中心にあるブラックホールの質量の間には，強い正の相関がある（図 7.11）．この事実は，楕円体成分とブラックホールが歩調を合わせて成長してきた[*9]ことを示唆する．ブラックホールはガスを飲み込んで成長するので，クェーサーは楕円体成分の成長期の姿なのかもしれない．おもしろいことに，クェーサーは $z \sim 2$ で最も多くなる．これはダストに隠された星形成銀河が最も増える時期とほぼ重なる．

7.6　見えないダークハローを見る

　ダークハローの進化は質量集積の歴史である．銀河はダークハローの中で成長すると考えられているので，ダークハローの質量は銀河にとっておそらく最も重要な変数だろう．この節では遠方銀河のダークハローを考察する．

　ダークハローの質量を測るのは近場の銀河でも難しい．銀河の内部運動を，星やガスがほとんどない外縁部まで調べる必要があるからである[*10]．まして遠方銀河にこの方法は使えない．

　じつは，遠方銀河のダークハローの質量は，銀河の空間分布の強度から推定できる（これは遠方に限ったことではないが）．ダークハローの形成モデルは，重いダークハローほどクラスタリング（群れ具合）が強いと予想する．これを使えば，銀河の 2 点相関関数からその銀河の属するダークハローのクラスタリング強度を測り，質量を推定できる．見えないダークハローを，銀河の分布を通してあぶり出すわけである（図 7.13）．

　遠方銀河の空間分布を調べるには広い天域の銀河探査が必要である．大望遠鏡の中で唯一広視野カメラをもつすばる望遠鏡は，こうした広域探査を最も得意とする．すばる望遠鏡の主焦点カメラ（Suprime-Cam）の視野 $34' \times 27'$ は，たとえば $z = 4$ の宇宙では $75\,\mathrm{Mpc} \times 60\,\mathrm{Mpc}$ に相当する．

　図 7.14 は，Suprime-Cam の観測に基づく $z \sim 4$ の星形成銀河の角度 2 点相関関数[*11]である．1.3 平方度の天域にある 2 万個近い銀河を使って求

[*9]　共進化という．
[*10]　重力レンズを使う方法などもあるが精度は低い．
[*11]　奥行き方向の情報をつぶした 2 次元での相関関数．

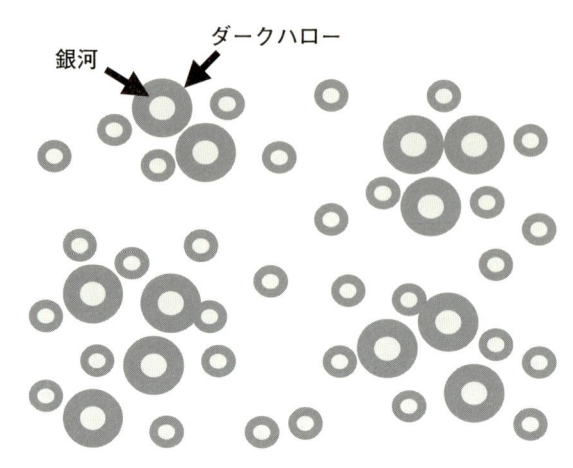

図 **7.13** ダークハローのクラスタリングの概念．簡単のため，2つの質量のダークハローだけを考える．ダークハローを濃い灰色で，その中にある銀河を薄い灰色で表す．ダークハローは直接は見えないことに注意．重いダークハロー（大きいほうの丸）はクラスタリングが強いため，それに属する銀河もクラスタリングが強い．軽いダークハローはその逆である．一般に軽いダークハローのほうが数が多いが，クラスタリング強度とは空間分布のコントラスト（$\Delta\rho/\rho$ のこと）なので，数密度とは関係はない．この図では，軽いダークハローはほぼランダムに分布しており，重いダークハローは数個ずつ群れて分布している．ランダム分布のときはクラスタリング強度はゼロである．

められた．横軸は銀河同士の間隔（下が天球面上の角度で，上が $z=4$ での実距離），縦軸は相関強度を表す．

この2点相関関数は $7''$ を境にして傾きの異なる2つの直線で近似できる．$7''$ より小さい角度の相関は，大きい側からの外挿よりずっと強い．

大きい角度の相関からは，この銀河の属するダークハローの質量が推定できる．それによると，この銀河は $1\times 10^{12}M_\odot$ 程度のダークハローの中にある．これは当時のダークハローとしては重い部類に入り，現在の銀河系の質量ともあまり違わない．

$7''$ より小さい角度の相関からは，1個のダークハローに何個の銀河が含まれているかが推定できる．複数個の銀河が含まれていると，ダークハローのサイズ以下の間隔（ほぼ $7''$ 以下）の銀河ペアが相対的に増えるため，相関が強くなる．観測された星形成銀河と $1\times 10^{12}M_\odot$ のダークハローの関係は次のようなものらしい．半数程度のダークハローは銀河を1個も含んで

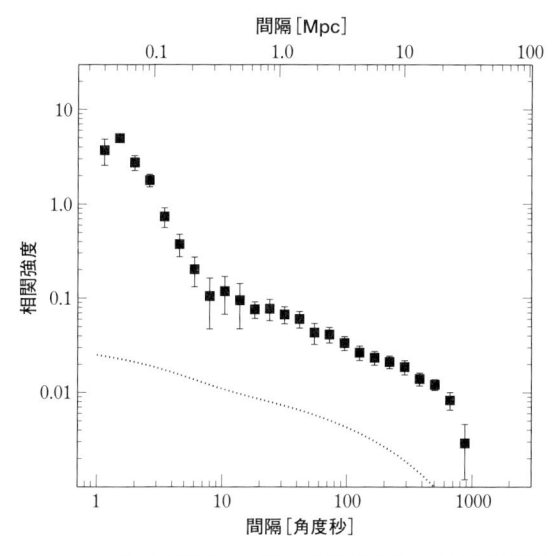

図 7.14　$z \sim 4$ の星形成銀河の角度 2 点相関関数．横軸は銀河同士の間隔（下が天球面上の角度で，上が $z = 4$ での実距離），縦軸は相関強度を表す．点線は当時の暗黒物質全体の角度 2 点相関関数．ダークハローのクラスタリングのほうが暗黒物質全体よりも強い．大内正己氏提供 [64]．

いないが，残りの半数は複数の銀河を含んでいる（図 7.15）．ダークハロー間でばらつきが出る理由はわかっていない．

　ダークハローの成長の理論計算によると，このダークハローが現在まで進化すると銀河群程度の質量になる．ここで考察した星形成銀河は銀河群のメンバー銀河になっているのだろう．進化の途中で銀河同士が合体して銀河自身の質量が増えることも考えられる．

　このように，銀河の空間分布のデータを用いて，銀河がどんなダークハローにどのように分布しているかが推定できる．この方法を使えば，時代や性質の異なる銀河の進化上の対応関係も，それらの属するダークハローの進化という観点から探れる．ダークハローで銀河を「統一」するわけである．こうした研究は現在さかんに行われている．

　最後にこの手法の課題を 2 つあげておこう．1 つは，この手法で測られたダークハローの質量が軒並大きいということである．現在の望遠鏡で検出できる銀河は比較的明るいものに限られているため，必然的に重いダークハローばかりを捕らえてしまうのだろう．軽いダークハローが合体して重い

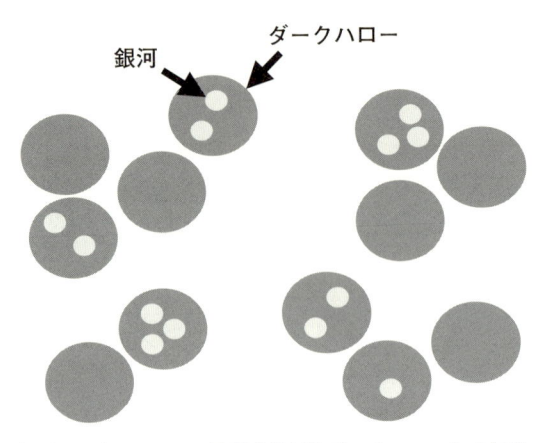

図 **7.15** 観測された $z \sim 4$ の星形成銀河とダークハローとの対応. 検出限界より明るい銀河を 1 個も含まないダークハローがある一方で, 複数の銀河を含むダークハローもある.

ダークハローができたという質量集積の歴史そのものを検証するには, 小質量のダークハローも検出する必要がある.

もう 1 つは, ダークハローとの関係が読めない銀河があることである. ライマン α 輝線銀河という銀河を覚えているだろうか. ライマン α 線で強く光ることから, 非常に若い銀河だと思われている.

Suprime-Cam による広視野観測によると, ライマン α 輝線銀河の空間分布は, 多くの場合, ダークハローの空間分布とうまく対応付けることができない. その例を図 7.16 に示す. これは同じ天域の $z = 4.79 \pm 0.04$ と $z = 4.86 \pm 0.03$ という奥行き方向に隣接した 2 領域のライマン α 輝線銀河の天球分布である. 中心波長がわずかに異なる 2 枚の狭帯域バンドで撮られた. $z = 4.79$ の銀河の分布はランダムだが, わずか 40 Mpc 向こうの $z = 4.86$ には大規模構造のような明確な構造が見える. 2 点相関関数は, どんな質量のダークハローとも合わない.

図 7.16 は探査範囲が狭いため統計的精度が低いが, このような奇妙な結果は他の天域でも得られている. 若い銀河の見つかるダークハローは, 他にはない特別な性質を備えているのだろうか. それとも, 銀河が生まれるかどうかはダークハロー自身の性質だけで決まるのではなく, 周囲の環境などにも左右されるのだろうか. 図の結果には, 銀河がどこでどのようにして生ま

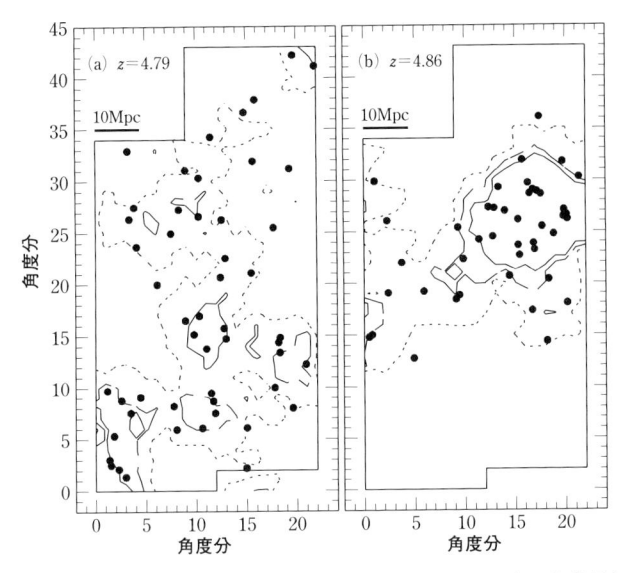

図 7.16 同じ天域の $z = 4.79 \pm 0.04$ と $z = 4.86 \pm 0.03$ という奥行き方向に隣接した 2 領域のライマン α 輝線銀河の天球分布．横軸の単位は角度分．(a) $z = 4.79$ の銀河の分布はランダムだが，わずか 40 Mpc 向こうの (b) $z = 4.86$ には大規模構造のような構造がある．この観測は遠方銀河の大規模構造を探査した最初の例である [65]．

れたのかについての手がかりが隠されていそうである．

7.7　プロジェクト S：「すばる」の遠方銀河研究

　すばる望遠鏡の運用が始まったのは西暦 2000 年である．そのときハッブル宇宙望遠鏡はすでに運用 10 周年を迎えており，ケック望遠鏡の 1 号機ができてからも 7 年経っていた．遠方銀河の観測の「大爆発」もとっくに始まっていた．チャールズ・スタイデルらが，$z \sim 3$ という当時としては画期的な遠方で銀河を大量に発見して世界を「あっ」といわせたのは，1996 年のことである．彼らはケック望遠鏡を使った．

　すばる望遠鏡は確かに世界最高レベルの望遠鏡だが，遠方銀河の観測では明らかに出遅れていた．数年の出遅れは大きい．今さらケック望遠鏡などと同じようなことをしても，相手は経験も知識も（望遠鏡の台数も，さらにいえば研究者の数も）上である．研究の先頭に立つのは容易ではない．

このような場合にやはり重要なのは,「すばる」にしかやれない観測をすることである.そしてそれが銀河の研究に本質的に重要ならいうことはない.幸いそんな観測テーマはいくつか存在した.最遠方の銀河探査や,銀河の空間分布の研究である.

「すばる」にあって他の大望遠鏡にないものは,6章でも述べた広視野カメラ Suprime-Cam である.「すばる」とケックは集光力はあまり変わらない.10時間露出して写る最も暗い銀河はおたがい似たようなものである.しかし,赤方偏移が6を超える遠い銀河は非常に少ないので,視野の狭いケックやハッブルで探査しても簡単には見つからない.ここに「すばる」の出番がある.

銀河の空間分布も同様である.「すばる」以前の観測は,いわばストローの穴から夜空を覗いていたようなものである.Suprime-Cam を使って初めて,遠方銀河の分布が本格的に調べられるようになった.

「すばる」が動き出してまもなく,筆者を含む日本の遠方銀河研究者は,大きな観測チームをつくり,Suprime-Cam を用いて遠方銀河の大探査を行った.2つのフィールド(天域)が探査された.1つは Subaru Deep Field (SDF:すばるディープフィールド,中心は $[13^{\rm h}24^{\rm m}39^{\rm s}, 27°29'26'']$),もう1つは Subaru/XMM-Newton Deep Field (SXDF:すばる/XMM-ニュートンディープフィールド,$[02^{\rm h}18^{\rm m}00^{\rm s}, -5°00'00'']$)である[*12].どちらも,天の川の方向から遠いため,銀河系の星やダストにじゃまされずに遠方宇宙を見通せる.

これらの大探査は,「すばる」の建設に携わったすべての人の観測時間を結集して行われたので,観測所プロジェクトとよばれている[*13].SDF のリーダーは柏川伸成(国立天文台),SXDF のリーダーは関口和寛(同)である.

どちらのフィールドも10枚近くのバンドで観測された.いろいろな距離の遠方銀河を選び出すためである.SDFでは,Suprime-Cam の1視野(0.25平方度)を,1バンドあたり10–15時間露出した.一方SXDFでは,

---

[*12] XMM-Newton は米欧が共同で打ち上げた X 線衛星望遠鏡である.SXDF はこの望遠鏡での深探査も行われた.

[*13] 観測所とは,すばるを運営する国立天文台ハワイ観測所を指す.

図 **7.17** すばるディープフィールド（SDF）．横 27′，縦 34′．すばる望遠鏡 Suprime-Cam 撮影．国立天文台提供 [66]．

バンドあたりの露出時間を数時間に抑えるかわりに，5 視野（1.3 平方度）を撮影した．深さと広さに変化をもたせたわけである．図 7.17 に SDF の画像を示す．縮小印刷のため見えなくなっているが，10 万個の銀河が写っている．

　我々は，こうして得られた Suprime-Cam のデータを解析してたくさんの遠方銀河の候補を選び出し，FOCAS などで分光して赤方偏移を測った．以

下に，これまでに得られた科学的成果をいくつかあげる．

- 最遠方銀河の発見：SDF のデータに基づいて，2003 年に $z = 6.58$，2004 年に $z = 6.60$，そして，2006 年には $z = 6.96$ の銀河を見つけた．それぞれ当時の最遠方記録である．これらの銀河を使って $z > 6$ の宇宙の電離度や星形成活動を調べた．9 章でくわしく述べる．
- 遠方銀河の空間分布の解析とダークハロー質量の導出：これは 7.6 節で述べた．また，遠方宇宙で銀河の大規模構造を初めて発見した．
- 遠方銀河の星形成率関数の測定：図 7.1 の $z \sim 4$ と $z \sim 5$ の結果は SDF のデータに基づいている．
- ライマン α 線の強い銀河を多数発見：その中には生まれたての銀河が混じっているかもしれない（7.3 節で見せた画像は Suprime-Cam による別の天域の観測である）．

SDF と SXDF は「すばる」以外のたくさんの望遠鏡でも観測され，X 線から電波までのデータがとられた．これら多波長のデータは銀河の物理を調べるために欠かせない．どんな面白い結果が出てくるのか楽しみにしながら，解析を進めているところである．

以上の話はじつは事実を少し単純化している．Suprime-Cam は観測の要ではあるが，それだけでは遠方銀河の研究は完結しない．分光装置や赤外カメラなども必要である．それに，ここで紹介した以外にも遠方銀河のすぐれた観測はたくさん行われている．この節で述べたかったのは，他にはないユニークな観測装置をもつことの重要性である．望遠鏡の価値は口径だけで決まるのではない．これからも「すばる」はオンリーワンの装置をつくっていく必要がある．

Suprime-Cam は遠方銀河の分野以外でも活躍している．ひょっとしたら遠方銀河の成果以上に評価されているかもしれない．重力レンズを用いた銀河団や大規模構造の暗黒物質の分布の測定，若い銀河団の観測，近傍銀河の星種族の研究，太陽系の小天体の探査などである．いずれも広視野が決め手となっている．

8 最果ての銀河

　ビッグバンで誕生した宇宙は膨張とともにしだいに冷え，40万歳の頃に電離状態から中性状態に移行した．これを宇宙の晴れ上がりという．この時点では宇宙には天体はなく，かすかな密度ゆらぎだけが存在した．晴れ上がりから最初の天体が現れるまでの期間は，宇宙空間を照らす天体がないという意味で，宇宙の暗黒時代とよばれる．

　最初の天体がいつ現れたのかはわかっていない．その正体も謎である．現在の宇宙に存在しないような巨大な星だったのかもしれない．それらの天体が単独で存在したのか，あるいは銀河とよべるような集団をなしていたのかもわからない．銀河進化の出発点は謎に包まれている．

　暗黒時代が終わった後，銀河の数がじゅうぶん増えると，宇宙空間に変化が起こる．中性状態だった水素ガスが，銀河からの紫外線を浴びて電離するのである．これを宇宙の再電離という．つまり，宇宙空間は140億年の歴史の中で2回状態を変える[*1]．40万歳のときに電離状態から中性状態になり，その後銀河の増加によって再び電離状態に戻る．最初の天体による暗黒時代の終焉を1日の夜明けにたとえるとすると，再電離は，空がじゅうぶん明るくなり，朝日が地平線から昇ろうとしている頃にあたるだろう．

　最初の天体はどんな天体で，いつ生まれたのだろうか．宇宙の再電離はいつ起こったのだろうか．これらの疑問に答えるには，はるか遠くまで宇宙を見通す必要がある．この章では最遠方の宇宙の観測を紹介する．観測の最前線は $z=7$ を越えようとしている．我々は宇宙がまさに再電離しつつある時

[*1]　元素がつくられる前を除く．

代に手が届いた可能性もある．宇宙再電離時代の研究はまもなく佳境を迎えるだろう．一方，最初の天体はおそらく $z \gg 10$ で生まれた．残念ながら，こんな遠くの天体を発見するのは既存の望遠鏡ではとても無理である．その発見の栄誉を担うことになるかもしれない次世代の望遠鏡は，9 章で紹介する．

8.1 銀河宇宙以前

まずは，晴れ上がりから再電離までの宇宙の歴史をざっと振り返ってみよう（表 8.1）．

表 **8.1** 初期宇宙の歴史

宇宙の年齢	赤方偏移	できごと
0 歳	∞	宇宙誕生
20 分	$\sim 10^9$	軽元素の合成終了
40 万歳	$\simeq 1100$	宇宙の晴れ上がり
		宇宙の暗黒時代
1 億歳？	~ 30？	最初の天体
2-10 億歳？	$\sim 20\text{-}6$？	宇宙の再電離
8 億歳	6.96	見つかっている最遠方の銀河
…	…	…
140 億歳	0	現在

宇宙の中性化：晴れ上がり

宇宙年齢が 20 分の頃に軽元素の合成が終わり，原始ガスの組成が決まった．その後も宇宙はじゅうぶん高温なため，ほとんどすべての原子は原子核と電子に電離して，電磁相互作用を通じて光と平衡状態になっていた．水素についていえば，$p + e \leftrightarrow H + \gamma$ という反応が起きていた[*2]．温度が高ければ高いほど電離水素の割合が高い．電離したガスの中では，光は高密度の自由電子に散乱されるため長い距離を直進できない．

ところが宇宙が 40 万歳（$z \simeq 1100$）になると，温度が 3000 K 程度に下

[*2] p は陽子，e は電子，H は水素原子，γ は光子である．

がり，水素ガスはほとんど中性化する．その結果，電磁相互作用の反応速度が宇宙膨張の速度より遅くなり，陽子（電離した水素原子核）の数密度 (n_p)，電子の数密度 (n_e)，中性水素の数密度 (n_H) の値が凍結する．そのときの n_p と n_H の比を水素の電離度 $X_\mathrm{e} \equiv n_\mathrm{p}/(n_\mathrm{p} + n_\mathrm{H})$ で表すと $X_\mathrm{e} \sim 1 \times 10^{-4}$ という大変小さな値になる．つまり，宇宙は 40 万歳の頃に電離状態から中性状態に移行し，ほぼ同時に光との相互作用が切れた[*3]．

中性状態の宇宙では光は散乱せずに直進できる．第 2 章でも述べたように，我々が観測する宇宙マイクロ波背景放射（CMB）は，宇宙が 40 万歳の頃に最後に電子に散乱された光子である．ただし宇宙膨張によって $1 + z \approx 1100$ 倍だけ波長が伸びている．

なお，CMB は非常に良い精度でプランク分布（黒体放射のスペクトル）になっている．この解釈としては，CMB は熱平衡にある物質から放射されたと考えるのが最も自然である．言い換えれば，CMB の存在は，宇宙がかつて非常に高温だったことの強い証拠（ビッグバン宇宙論を支える柱の 1 つ）とみなせる[*4]．

宇宙の暗黒時代

晴れ上がりから最初の天体が現れるまでの期間が宇宙の暗黒時代である．冷たい暗黒物質が優勢な標準的な構造形成理論は，最初の天体は宇宙が 1-2 億歳の頃に $10^6 M_\odot$ ぐらいのダークハローの中で生まれたのだろうと予想する．しかしこれも確固とした予想ではなく，最初の天体がどのようなものだったのかもまだわかっていない．初代天体の形成は，銀河形成論や宇宙論のみならず，星形成論や恒星進化論にも広く関係するテーマである．つまりみんなが知りたがっている．

[*3] ヘリウムは水素より電離エネルギーが高いため，もっと早い時期，具体的には温度が 8000 K の頃に中性状態になる．

[*4] 物理を知っている方へ．黒体放射は物質と熱平衡になっている放射のことだが，現在の宇宙で CMB は物質と熱平衡にはない（そもそもそれが晴れ上がりの意味）．もし熱平衡にあるとすると，現在の物質は 2.725 K の極低温になっているはずだが実際はそうではない．CMB は約 3000 K の「本物の」黒体放射として 40 万歳の宇宙に放たれ，宇宙空間を旅して我々に届いた．その間に宇宙膨張の効果で波長が伸びたが，黒体放射特有のスペクトル形は維持した．2.725 K とは，CMB を黒体放射のスペクトル形でフィットしたときに得られる「見かけの」温度なのである．

宇宙の再電離

中性化した宇宙は，そのまま冷え続けるだけならずっと中性のままである．ところが観測によると，$z \simeq 6$ から現在までの宇宙はほぼ完全に電離している．$z \approx 1100$ で中性化した宇宙は，いつのまにか再び電離していたのである．

宇宙を電離させるには，水素の束縛エネルギー（13.6 eV）よりエネルギーの大きな光子が存在しなければならない．波長に換算すると 912 Å（ライマンブレークの波長）より短波長の光である[*5]．これを電離紫外線とよぶ．電離紫外線を出せる天体が一定量に達すると宇宙空間は電離する．したがって，宇宙の再電離は，暗黒時代が終わってしばらくしてから起こる．

宇宙空間の電離状態はクェーサーの観測から探れる．遠方のクェーサーを観測することを考えよう．我々とクェーサーの間に中性水素ガスがあると，クェーサーの連続光のうち，そのガスにとってライマン α 線の波長（1216 Å）にあたる光が吸収される．ガスが一様に分布している場合は，我々が観測するクェーサーのスペクトルは，ライマン α 線の波長より短波長側が連続的に吸収されて低くなっている（図 8.1）[*6]．その低下の度合を測ることで，クェーサーと我々の間にある中性水素の量を推定できる．つまりクェーサーのいる時代より後の時代の電離度がわかる．ライマン α 光子は大変吸収されやすいので，わずかな量の中性水素も検出できる．

こうした観測の結果，$z < 6$ の宇宙の中性度 $X_{\rm HI}$ $(\equiv 1 - X_{\rm e})$ は $X_{\rm HI} \approx 1 \times 10^{-4}$ 以下である——水素原子の 99.99 % 以上が電離している——ことが判明している．実質的に完全電離とみなしてよい．

最新の測定は $z \simeq 6.4$ に届いている．最遠方の測定には，7.5 節で紹介した $z = 6.42$ のクェーサーが使われている．それによると，中性度は $z = 5$ から過去に向かってわずかずつ上がっていくように見える（図 8.2）．再電離の過程は $z \approx 6$ までに完了したと解釈できるだろう．

宇宙空間の電離状態は CMB の観測からもまったく別の原理に基づいて

[*5] 量子力学によると，波長 λ の光子は hc/λ のエネルギーをもつ．ここで h はプランク定数．すなわち光子のエネルギーは波長に反比例する．

[*6] 6.2 章で出てきた話と同じ．

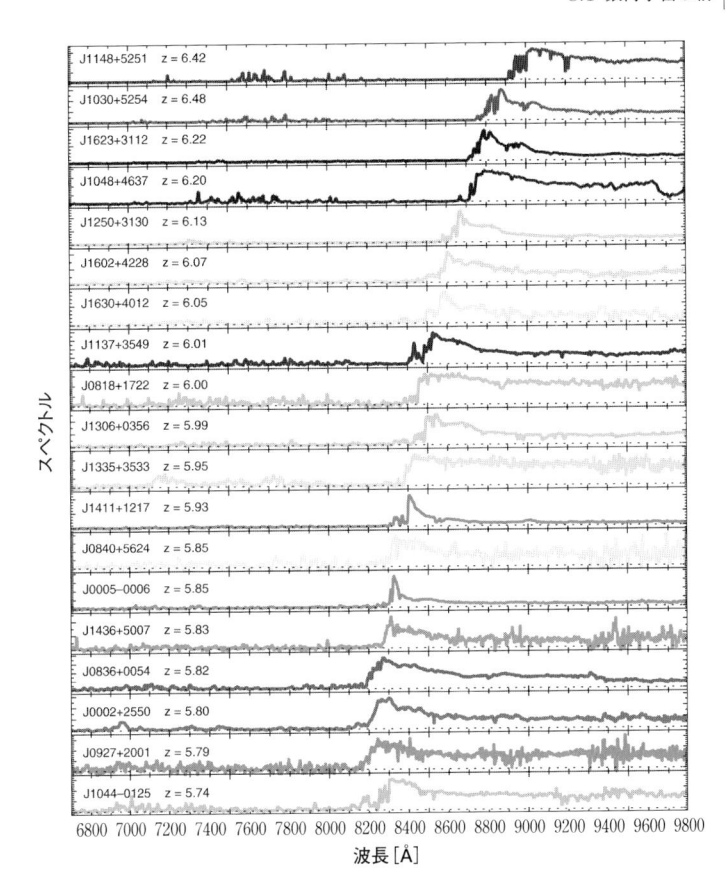

図 8.1 SDSS によって $5.7 < z < 6.5$ で見つかった 19 個のクェーサーのスペクトル．横軸は観測波長．宇宙空間にわずかに残っている中性水素の吸収によって，ライマン α 線（静止系での波長が 1216 Å，観測波長はこの $1+z$ 倍）よりも短波長側のスペクトルが削られている [67]．

評価できる．CMB が我々に届くまでに運悪く自由電子に出会うと散乱される．温度ゆらぎをもつ CMB が散乱を受けると，偏光を生じる．そこで，CMB の偏光の量を測れば電離度の情報が得られる．

ただし，この方法で測れるのは散乱の光学的厚さ（視線方向の積分量）だけである．再電離が起こった時刻を特定するには，再電離がどのように進行したかについて仮定が必要である．再電離が一瞬で起きたと仮定すれば，再電離の赤方偏移として $z = 11$（宇宙年齢4億歳）が得られる（図8.2）．もし再電離が時間をかけて進んだとすると，電離し始めるのはもっと過去でよ

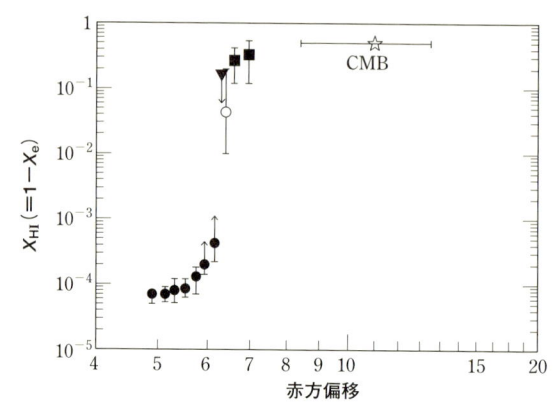

図 8.2 中性水素の割合（X_{HI}）の時間変化．$X_{\mathrm{HI}} = 1$ は，すべての水素が中性（すなわち電離度ゼロ）を意味する．●と○はクェーサー，■はライマン α 輝線銀河，▼はガンマ線バースト，☆は CMB の観測に基づく測定．■と▼はすばる望遠鏡による測定．

く，電離し終わるのはもっと後でよい．

このように，クェーサーと CMB の観測から，宇宙の再電離の時期はゆるく挟みうちできている．すなわち，再電離は $z \sim 20$（2億歳）から $z \sim 6$（10億歳）の間に起きたらしい．もし比較的遅い時期に起きたとすると，再電離の時期の特定や，再電離前後の銀河の研究は既存の望遠鏡で手が届く．

8.2 宇宙再電離はいつ起こったか

宇宙では，過去にいくほど，重要なできごとが短い間隔で起きる．軽元素合成は 20 分，晴れ上がりは 40 万歳，最初の天体は ~ 1 億歳といった具合である．宇宙の歴史は過去ほど濃いのである．再電離の時期が 2 億歳から 10 億歳の範囲でしか押さえられていないのは，宇宙と銀河の歴史を理解するうえで大きなネックとなる．

再電離の時期を正確に知ること——定量的にいえば X_{e} の時間変化を測ること——には 2 つの意義がある．1 つは，電離紫外線は銀河やクェーサーから放射されるので，X_{e} の時間変化から銀河やクェーサーの進化がわかるということである．もう 1 つは，銀河の進化は周囲の宇宙空間が電離しているかどうかで大きく変わるということである．これは 5 章でもふれた．周

囲が電離していると銀河には電離紫外線が容赦なく降り注ぐ．その結果，銀河の中にある冷たいガスまでも電離されてしまい，星がつくれなくなる．ひょっとしたら，星のまったく存在しない「暗黒銀河」が宇宙にたくさん隠れているかもしれない．

X_e の時間変化を測るにはクェーサーが役に立っているが，現在見つかっている最も遠いクェーサーは $z = 6.42$ なので，これより遠くの電離度を調べるには別の天体を使う必要がある[*7]．

現在最も遠くの電離度の推定に使われているのはライマン α 輝線銀河である．2007 年現在，見つかっているあらゆる天体の中で最も遠いものは $z = 6.96$ にあるライマン α 輝線銀河である．これは，筆者を含むグループによってすばる望遠鏡で発見された（図 8.3）．$z = 6.96$ は 8 億歳にあたる．

銀河から出たライマン α 光子は中性水素に容易に吸収されるので，観測されるライマン α 輝線は吸収の分だけ本来より暗くなる．したがって，ある一定値よりも明るいライマン α 輝線銀河を数えれば，電離度が推定できる．中性の割合が高ければ，より多くのライマン α 光子が吸収されるため，ライマン α 輝線銀河が減る．

すばるのグループは，$z \simeq 5.7$，$z \simeq 6.5$，$z \simeq 7.0$ のライマン α 輝線銀河を観測し，その数が過去にいくにつれて減ることを発見した．$z \simeq 7.0$ では，すばるの主焦点カメラをもってしても，たった 1 個の銀河しか見つからなかった（それが $z = 6.96$ の銀河である）．

まだ統計が不足しているが，もしこの減少が中性水素の増加によるとすると，$z \simeq 7.0$ での中性水素の割合は $X_{\mathrm{HI}} \approx 10\text{-}50\,\%$ と見積もられる．$z = 6$ で 0.01 % しかなかったことを考えると，急激な増加である．

ただし，この方法はクェーサーを使う方法に比べて信頼性が落ちる．銀河の数が減っているのは，電離度の変化によるものではなく，銀河自身の進化のせいかもしれない．ライマン α 線以外の性質をくわしく調べる必要がある．

一方もしこの見積もりが正しいとすると，宇宙の再電離はかなり遅い時期に起きたことになる．銀河の性質も $z \sim 7$ を境に大きく異なるだろう．今後

[*7] もっと遠くのクェーサーを探せばいいのだが，クェーサーは稀な天体なのでなかなか見つけられない．

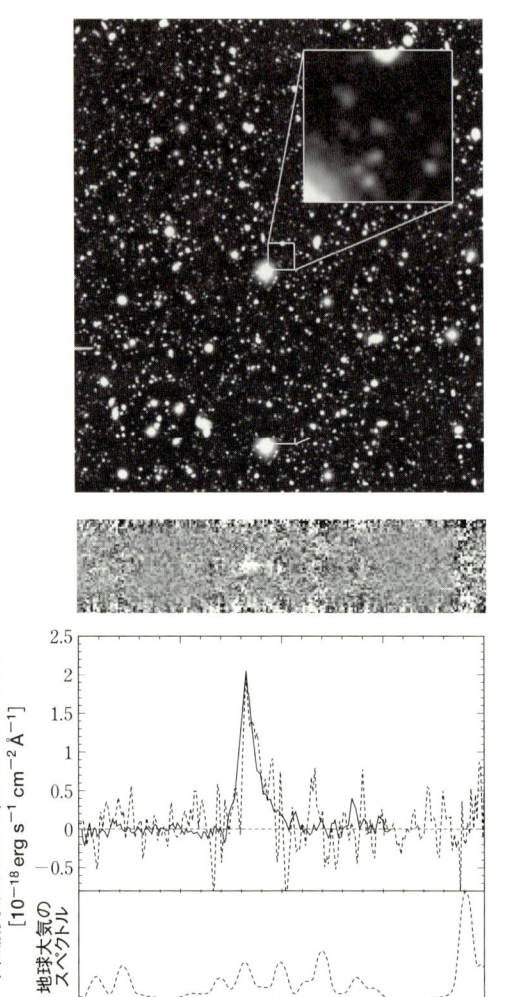

図 8.3 上：$z = 6.96$ の銀河の画像．拡大しても点にしか見えない．拡大画像の 1 辺は 8″．中央にかすかに見えている．家正則らによる．国立天文台提供 [66]．下：$z = 6.96$ の銀河のスペクトル．9680 Å 付近の輝線が，赤方偏移したライマン α 線である．下のグラフは地球大気のスペクトル．9680 Å 付近には大気の輝線はない（ので，上のグラフのライマン α 輝線は本物である）．国立天文台提供 [68]．

> **コラム 24 ● 宇宙最強のサーチライト：ガンマ線バースト**
>
> ごく最近では，ガンマ線バーストという現象を用いた電離度の見積もりも試みられている．ガンマ線バーストは宇宙最大の爆発現象である．その正体はまだ完全には明らかになっていないが，超新星爆発をスケールアップしたものだと考えられている．つまり，太陽より数十倍重い星が一生の最後に爆発するとガンマ線バーストになるらしい．
>
> クェーサー同様，ガンマ線バーストのスペクトルにも中性水素による吸収が見られる．その度合を測れば電離度が求まる．ガンマ線バーストは桁違いに明るいため，仮に $z > 7$ に出現してもスペクトルがとれる．ガンマ線バーストは，再電離時代の宇宙を照らす強力なサーチライトである．
>
> これまでに確認されている最も遠いガンマ線バーストは，2005 年 9 月 4 日に発生した $z = 6.3$ のものである．ガンマ線バーストは専用の衛星望遠鏡で探査されるが，赤方偏移を測るには光学望遠鏡で分光観測する必要がある．このバーストはすばる望遠鏡で分光された．得られたスペクトルから電離度の推定もなされ，$X_e > 83\%$（すなわち $X_{HI} < 17\%$）という結果が得られている．再電離時代の研究においてすばる望遠鏡は中心的な役割を果たしている．

の観測が楽しみである．

8.3 原始のガスから生まれた星：種族 III の星

星はその一生の終わりに超新星爆発や質量放出を起こして重元素を周囲にまき散らす．そして，その重元素で汚染されたガスから次の世代の星が生まれる．したがって，宇宙で最初に生まれた星だけが，重元素で汚染されていない原始のガスを材料としている．

原始ガスから生まれた星を種族 III の星とよぶ（コラム 25 参照）．宇宙で最初の銀河はおそらく種族 III の星によって光っていただろう．その場合，初代の銀河の明るさやスペクトルは種族 III の星で決まる．

星の形成と進化は重元素の有無によって大きく異なる[*8]．重元素はガスの強力な冷却材である．重元素がないとガスはじゅうぶん冷えることができないため，$100\text{-}1000 M_\odot$ という非常に重い星ばかりが生まれるらしい．現在の宇宙で生まれている星はせいぜい $100 M_\odot$ 止まりである．このような重

[*8] 一般に星の進化は質量で決まるが，種族 III だけは例外である．

> **コラム 25 ● 星の種族**
>
> 　星は重元素含有量などの物理的特性に基づいて 3 つの種族に分けられる．種族 I は銀河系の円盤を形づくっている星のことで，重元素を多く含み，年齢も若い．太陽は種族 I である．種族 II は銀河系のハローや球状星団を構成している星で，重元素量はかなり低く，年齢も古い．そして種族 III は，種族 II に先立って宇宙で最初に生まれた星を指す．
>
> 　このように，種族 I と II は銀河系の観測に基づく分類だが，種族 III はまだ仮説の段階であり，実例となる星は見つかっていない．もし種族 III の星がすべて太陽より重かったとすれば，現在まで生き残っているものは 1 つもないだろう．一方で，太陽より軽い星も含まれていたとすれば，それらはまだ死んでいないはずなので，銀河系をくまなく探せば見つかるかもしれない．実際，太陽のわずか 10 万分の 1 しか重元素を含んでいない星が最近発見されている．

> **コラム 26 ● 残存自由電子の意外な役割**
>
> 　宇宙が晴れ上がったとき，水素原子の 1 万個に 1 個は電離したまま残された．したがって，原始ガスの中にはわずかながら自由電子が残った．じつはこの自由電子が種族 III の星の形成に決定的な役割を果たしたらしい．
>
> 　星の材料となる冷たいガス雲をつくるには，放射によってガスを冷やさなければいけない（つまりガスの運動エネルギーを光子に運び去ってもらう）．重元素のない原始ガスでは，水素分子が出す振動回転遷移の輝線が最も有効な冷却源である．したがって，原始ガスを冷やすには，もともとは存在しなかった水素分子を，水素の単原子から生成する必要がある．この水素分子の生成の際に，残存する自由電子が触媒として働くのである．もし宇宙が完全に中性だったとしたら，ガスはなかなか冷えず，天体の形成もずっと遅れただろう．

い種族 III の星は強い電離紫外線を出して周囲のガスを電離するだろう．一生の最後にはガンマ線バーストのような華々しい爆発を起こすかもしれない．

　種族 III の星の理論はまだ発展途上である．重い星しか生まれないという予想も確立されたものではない．また，その進化についても，温度や光度はどれくらいなのか，どのような重元素を合成するのか，生涯をどのような形で終えるのかなど，未解決の問題は多い．初代の銀河を観測できれば，種族 III の星を理解する大きな手がかりになる．

9

未来に向かって

　最後の章では遠方銀河の観測の将来を展望する．まずは今後の課題を考えてみる．現在の望遠鏡では手に負えないものが多い．続いて，将来の強力な武器，次世代望遠鏡を紹介しよう．次世代といっても，早いものでは稼働は目前に迫っている．最後に独り言のようなものを記す．

9.1　残された謎

1章のように，天体物理学，宇宙論，人間の起源に分けて考えてみよう．

天体物理学

　見たことのないものを見るというのが基本戦略だろう．これには2つの側面がある．見たことのない銀河と，調べたことのない性質である．

　$z \gg 10$ の銀河は誰も見たことはないし，その性質も誰も知らない．しかし，$z \sim 3$ などの比較的理解が進んでいる赤方偏移についても，我々が観測したのは明るい銀河に限られている．しかも光度や質量などのごく少数の物理量しか調べていない．我々は遠方宇宙のうわべをなぞったにすぎない．

　見たことのないものをいくつかあげよう．

- 初代銀河，再電離時代の銀河：これらの銀河（クェーサーを含む）はまだ誰も見ていない．宇宙の夜明けや再電離はいつどのように起こったのだろうか．
- 小質量銀河：冷たい暗黒物質に基づく銀河形成モデルは，小さな銀河

が合体して大きな銀河になったと予想する．この本質的な予想を検証するには，遠方の小質量銀河を観測しなければいけない．しかし，これまでの遠方銀河の観測は銀河系並みに重い（すなわち明るい）銀河に限られている．

- 原始銀河：生まれたばかりの銀河やまさに生まれようとしている銀河はまだ確認されていない．銀河進化のミッシングリンク．
- 暗黒銀河：可視や近赤外では見えない，いわば我々のまだ知らないクラスの銀河である．ダストに覆われた銀河，星のない銀河などが含まれる．遠赤外や電波などの観測が鍵を握る．
- 銀河の内部構造：形態，ガスや重元素の分布，内部運動など，いわば銀河の解剖である．銀河進化の物理を知るために不可欠だが，遠方ではまだほとんど手がつけられていない．
- ダークハロー：ダークハローの進化は銀河進化の背骨である．団子の串といってもよい．ダークハローと遠方銀河の関係がわかれば，多種多様な遠方銀河を1つにつなぐことができる．
- 原始の銀河団や大規模構造：宇宙最大級の構造の進化という点でも面白いが，銀河進化に環境が及ぼす効果を探るうえでとくに重要．まだ虫食い状にしか調べられていない．超広視野のカメラが必要．

これらをまとめると図9.1になる．遠方銀河を，質量，年齢，環境別にもれなく観測して銀河進化の全体像をつかむ．そして，内部構造を調べることで進化の物理を理解する．

宇宙論

ここでは一例として暗黒エネルギーの正体を探る研究をあげよう．

暗黒エネルギーの正体が完全に解明されるには1世紀以上かかるかもしれない．その遠い道のりを見据えたうえで現在最も関心がもたれているのが，暗黒エネルギーが定数（アインシュタインの宇宙定数）かどうかということである．より正確には，暗黒エネルギーの密度と圧力の関係，すなわち状態方程式を知りたい．

じつは，遠方銀河の空間分布や重力レンズ効果から暗黒エネルギーの状態

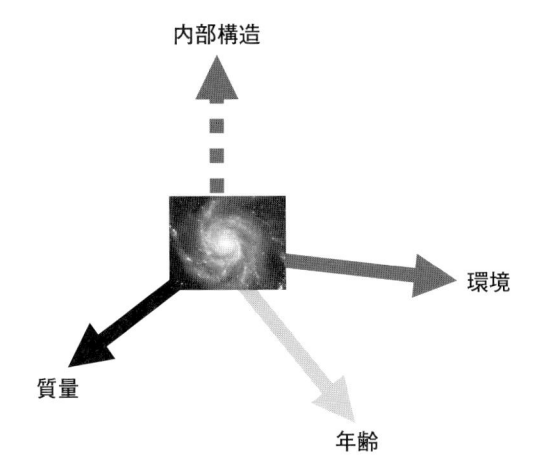

図 9.1 遠方銀河の理解のしかた．あらゆる質量，年齢，環境にある銀河をもらさず調べる．年齢とは星の平均の年齢のことである．星形成の歴史と言い換えてもよい．環境とは，その銀河がどんな場所にいるかということである．銀河で実際何が起こっているのかを知るには，この3つの軸に加えて内部構造の観測が必要である．

方程式に強い制限を与えることができる．日本のグループもすばる望遠鏡を使ってこの問題に取り組もうとしている．広い視野を誇るすばるはこうした観測を最も得意としている．

人間の起源

ここはだいぶ趣きが違うので，眉にツバを付けて読んでいただくほうがいいかもしれない．

おそらく知的生命は，寿命の十分長い惑星系[*1]で進化する．惑星の材料である重元素をつくるには重い星が必要だが，重い星自身は寿命が短すぎて知的生命が育つ余裕がない．ということは，人間のような知的生命が現れるには，（現在の銀河がそうであるように）重い星も軽い星もつくられなければいけない．したがって，宇宙の星形成史——宇宙でいつどんな星がどれだけつくられるか——は，知的生命がいつどんな確率で存在し得るかを左右する．

議論をさらに進めるために，宇宙居住可能性関数（Cosmic Habitability

[*1] 太陽系のような，恒星とその周りを回る惑星でできている系を，惑星系という．

Function） $H_\mathrm{C}(t)$ という量を導入しよう*2．これは，宇宙の単位体積あたりにある生命の居住可能な惑星の個数を，時刻 t の関数で表したものである．どのような惑星に生命が住めるかはわかっていないが，ここでは，適度な寿命の主星の周りを適度な距離で公転している，適度な質量の惑星（要するに地球のような惑星）だとしよう．宇宙誕生直後（$t = 0$）はもちろん $H_\mathrm{C} = 0$ である．一方，はるかな未来（$t \gg 100$ 億年）でも $H_\mathrm{C} = 0$ だろう*3．H_C はある時刻（t_max とする）で最大になるはずである．ただし生命の進化には時間がかかるので，知的生命の存在数が最大になる時刻は t_max より遅れるだろう．我々が現れた時刻（≈ 140 億年）は t_max にどれくらい近いだろうか．

星は（惑星をともなって）銀河で生まれるので，$H_\mathrm{C}(t)$ を求めるには銀河の過去と未来の星形成史を知らなければいけない．つまり信頼できる銀河形成論が必要である．惑星形成論の応援も必要だろう．また，銀河内には居住に適さない場所もありそうだ*4．H_C の評価はなかなか難しい．

次の段階の考察として，銀河が生まれる条件を調べるのも面白いかもしれない．物理定数，宇宙の組成，原始密度ゆらぎの性質などは，銀河宇宙の「初期条件」である．これらを我々の宇宙の値からどれだけずらすと銀河は生まれなくなるのだろうか*5．言い換えれば，我々の銀河宇宙はどの程度特殊なのだろうか．銀河は生命の前提だろうから，さまざまな初期条件で銀河の存在の可能性を調べることで，初期条件の異なる「多宇宙」において生

---

*2 本書の造語．habitable は「住むのに適した」の意味．この関数は 7 章で出てきた星形成率密度と似た概念である．

*3 惑星自身は長期にわたって存在できるかもしれないが，主星が輝く時間は有限であることに注意．主星が安定して光っていないと生命は存在できないだろう．

*4 銀河内で生命の存在し得る場所は galactic habitable zone とよばれている．たとえば，銀河中心は星が込みすぎているうえに活動銀河核もあるので，生命には危険そうだ．蛇足ながら，銀河のタイプによっても住みやすさに違いがあるかもしれない．もしそうだとすると，4 章で見た銀河分布の環境効果は，宇宙における居住可能な場所の環境効果と読み替えることができるかも．

*5 初期条件は我々の宇宙の値しかあり得ない可能性もある．つまり，未知の究極の理論（万物理論）があって，宇宙のあらゆる初期条件はその理論から 1 つに決まるのかもしれない．しかしその場合は，なぜ我々の宇宙の初期条件が我々の存在にこんなにも都合良くできているのかが大きな謎として残る．そう考えると，初期条件の異なるたくさんの宇宙が存在すると仮定するほうが自然に思えてくる．

命がどの程度希少かが探れるかもしれない．

9.2 次世代の望遠鏡

図 9.2 は，天体の最遠方記録の移り変わりを示したものである．大型望遠鏡が出現した 1990 年代半ばから記録が急角度で伸びている．2007 年現在の記録保持者は $z = 6.96$ のライマン α 銀河である．

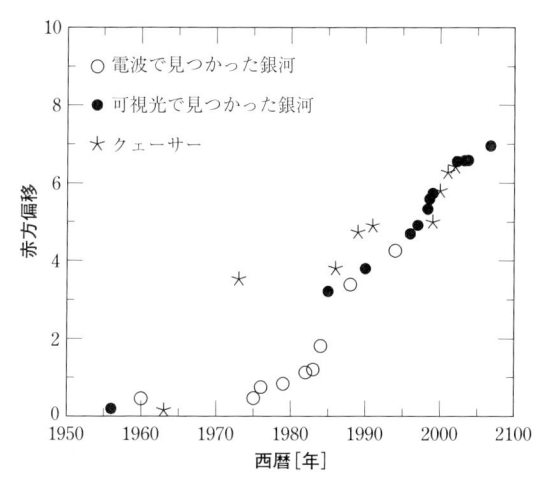

図 **9.2** 天体の最遠方記録の移り変わり．横軸は西暦，縦軸はそのときの最遠方天体の赤方偏移．1990 年半ば以降，記録が急に伸びているのがわかる．右端の 3 点は，いずれもすばる望遠鏡の観測である．

ところが，今ある望遠鏡で観測を続ける限り，残念ながら最遠方記録はもうあまり伸びそうもない．その理由は 2 つある．第 1 に，$z = 7$ より遠い天体は既存の大型望遠鏡をもってしても暗すぎる．

第 2 の理由はより本質的である．遠方天体の赤方偏移は，おもにライマン α 線（静止系波長 1216 Å）で測る．$z > 7$ の天体の場合，ライマン α 線は 1 μm より長波長に赤方偏移してしまう．これは近赤外の波長域である．宇宙が 1 億歳の頃，すなわち $z \sim 30$ に生まれたかもしれない初代天体に至っては，ライマン α 線の観測波長は 4 μm 近くになる．

1 μm を超える波長の観測には大きな制約がある．地球大気である．大気は可視光に対しては透明だが，赤外線では透明度が下がる．波長にもよる

が，天体からの赤外線のかなりの割合は，地上に届く前に大気に吸収されてしまう．さらに悪いことに，大気自身が赤外線で強く光っているため，遠方銀河の微弱な光が埋もれてしまう．あたかも花火大会の日に夜空を眺めるようなものである．星からの光は，花火の煙によってさえぎられ，花火の光に圧倒される．

したがって，$z = 7$ のはるか向こうの宇宙を観測するには，大型の赤外線望遠鏡を大気圏の外に投入するのが一番望ましい．残念ながら，ハッブル宇宙望遠鏡は口径が小さいうえに 2 μm までしか感度がない．現在活躍中の赤外線宇宙望遠鏡，日本の「あかり」と米国のスピッツァーも口径が小さすぎる．

なお，銀河の情報の多くは，静止系の可視と近赤外のスペクトルに含まれている．これらの波長が $z \sim 30$ に赤方偏移すると 10-50 μm になる．これは中間赤外の領域である．したがって，銀河を発見するだけでなくその物理も調べたい場合は，中間赤外まで感度のある望遠鏡が必要になる．

今後最も早く打ち上がるであろう大型の赤外線宇宙望遠鏡は，米国が中心になって建設している James Webb Space Telescope (JWST) だろう（図 9.3）．ジェームズ・ウェッブは NASA の 2 代目の所長で，アポロ計画を推進したことで知られる．JWST の口径は 6.5 m もある．波長は 0.6 μm から 27 μm までをカバーしている．打ち上げは 2013 年に予定されており，太陽と地球の第 2 ラグランジュ点という場所に置かれる．地球からは 150 万 km も離れている[*6]．JWST は 4 つの大きな科学的目標を掲げているが，いうまでもなくそのうちの 1 つは宇宙の初代天体と再電離の観測である．

日本にも赤外線宇宙望遠鏡の計画がある．SPace Infrared telescope for Cosmology and Astrophysics (SPICA) という愛称の口径 3.5 m の望遠鏡である（図 9.4）．口径は JWST より小さいが，感度が 200 μm まである．また，液体ヘリウムを使って 4.5 K という極低温まで冷却されるため，中間赤外線の感度は JWST を上回る．SPICA もラグランジュ点に設置される．打ち上げ予定は 2010 年代である．名前に Cosmology（宇宙論）が入っていることからもわかるように，本章で話題にしている初期宇宙の観測を最大の使命としている．

[*6] 地球から月までの距離の 4 倍．なお，ハッブル宇宙望遠鏡は地上から 600 km を回っている．

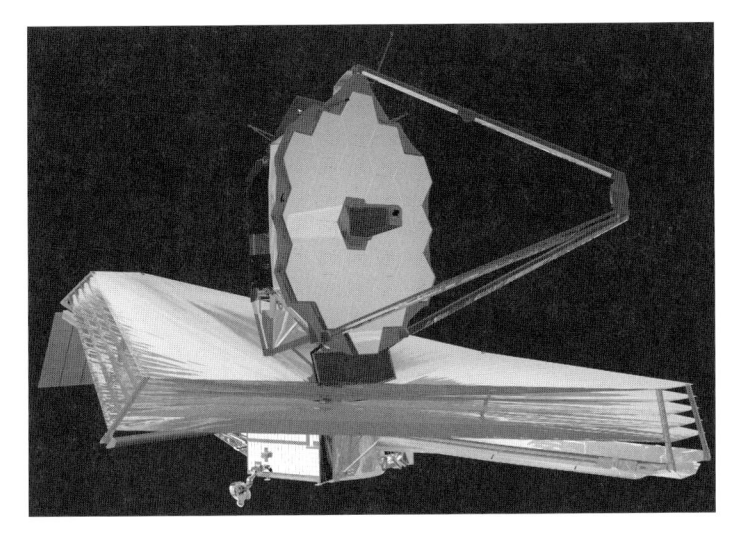

図 9.3 米国で計画中の次世代の大型宇宙望遠鏡，JWST．[69]．

　地上望遠鏡も新しい時代を迎える．既存の大型望遠鏡をはるかにしのぐ，口径 30 m 以上の望遠鏡が建設されようとしている．圧倒的な集光力にものをいわせようという戦略である．地上にあるので維持や改良も簡単に行える．遠方の小質量銀河の観測や，銀河の内部構造の研究にも威力を発揮するだろう．

　Thirty Meter Telescope（TMT）という口径 30 m の望遠鏡が米国で計画されている（図 9.5）．2016 年の完成が目標である．日本はこの計画に加わろうとしている．すばる望遠鏡の経験が活きるはずである．

　ヨーロッパにも同様な計画がある．ヨーロッパ南天文台（13 カ国からなる国際研究機関）が，2017 年の完成を目指して，European Extremely Large Telescope（E-ELT）という口径 42 m の望遠鏡を建設しようとしている（図 9.6）．

　最後に，日米欧が共同でアンデスの標高 5000 m の高原に建設中の電波干渉計 ALMA を紹介しよう．電波干渉計とは複数のアンテナを組み合わせた電波望遠鏡のことで，アンテナの間隔に比例して角分解能が上がる．ALMA は直径 12 m のアンテナ 64 台などで構成される．ALMA はミリ波・サブミリ波（0.1 mm-1 cm）を守備範囲としており，その使命の 1 つは，可

144 | 9 未来に向かって

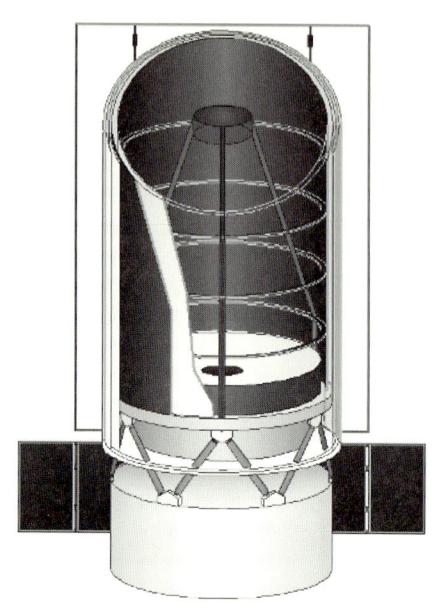

図 **9.4** 日本で計画中の次世代の大型宇宙望遠鏡，SPICA．提供 宇宙航空研究開発機構（JAXA）[70]．

図 **9.5** 米国で計画中の次世代の大型地上望遠鏡，TMT．The Thirty Meter Telescope 提供 [71]．

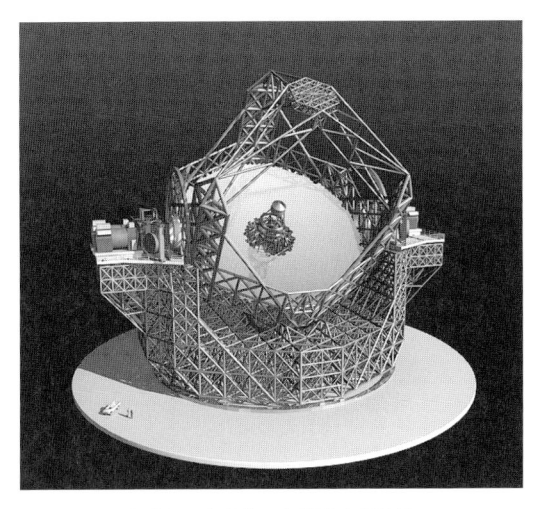

図 9.6　ヨーロッパで計画中の次世代の大型地上望遠鏡，E-ELT．ヨーロッパ南天文台提供．ⓒ ESO [72].

図 9.7　日米欧が共同で建設中の次世代電波干渉計，ALMA．国立天文台提供．ⓒ ESO/ALMA [73].

視や近赤外線では見えないようなダストで隠された銀河の観測である．

　望遠鏡がここまで大きくなると，一国が独力で建設するのは現実的ではなく，国際協力が不可欠になる[*7]．複数の国が1台の望遠鏡を共有すると望

[*7] JWST も SPICA も国際ミッションである．

遠鏡の総数は減ってしまうが，その一方で，いろいろな国際協力に関与すれば，世界一の望遠鏡を使う機会はむしろ増えるだろう．次世代望遠鏡を操って宇宙の夜明けを目撃するのはあなたかもしれない．

9.3　五合目のつぶやき

我々は銀河宇宙をどのくらい理解したのだろうか．最新鋭の望遠鏡を使って，我々は銀河宇宙の歴史の 95 % まで遡ることができた．しかしその途中にある銀河のすべてを理解したわけではない．銀河進化の理論も完成していない．筆者の印象では，銀河宇宙に対する我々の理解は5割といったところである[*8]．登山にたとえれば五合目に立っているわけだ．

しかし，銀河が発見されてまだ 80 年余り，ビッグバン宇宙の決定的証拠である宇宙マイクロ波背景放射の発見からもまだ 40 年余りしか経っていないことを考えると，銀河宇宙に対する我々の理解は非常に速く進んだともいえる．そもそも 10 m 望遠鏡といっても人間の身長のほんの数倍である．その程度の大きさの望遠鏡で銀河宇宙の歴史の 95 % まで見通せるということ自体，何だか不思議な気がする．我々の大きさが宇宙を見通すのに偶然うまく合っていたということなのだろうか．我々がアリぐらいの大きさしかなかったとしたら，宇宙の果てに迫るような望遠鏡をつくることは難しかったかもしれない．

しかしここで注意しなければいけないのは，残された謎と我々が考えていることが——残りの五合——は，現在の知識と表裏一体だということである．この章の初めにあげたもろもろの謎はすべて想像力の届く範囲にある．つまり，存在がわかっている謎である．残りの五合を登って頂上に立ったとき，そこには思ってもみない景色が広がっているかもしれない．80 年前の銀河の発見のように，それが我々の宇宙観を一変させるものである可能性はじゅうぶんあるだろう（その意味で我々とアリは同じかも）．研究をやっているとついついわかった気になってしまうが，やはり日々謙虚な気持ちでいるのがよさそうだ．

[*8]　暗黒物質，暗黒エネルギーの謎はおいておくとして．

付録　フリードマン方程式

時刻 t での宇宙の大きさを $R(t)$，物質の密度を $\rho(t)$，圧力を $P(t)$ とすると，フリードマン方程式は

$$\left(\frac{\dot{R}}{R}\right)^2 = \frac{8\pi G}{3}\rho - \frac{Kc^2}{R^2} + \frac{\Lambda c^2}{3} \tag{A.1}$$

$$\dot{\rho}c^2 = -3\frac{\dot{R}}{R}\left(\rho c^2 + P\right) \tag{A.2}$$

と表せる．ここで，c は光速度，G は重力定数，K は宇宙の曲率を表す定数，Λ は宇宙定数である．変数 R と ρ の上のドットは時間についての微分を意味する．たとえば $\dot{R} \equiv dR/dt$．正確には物質の密度と圧力は場所によって異なるため，ここで考えている ρ と P は宇宙の平均値である．

(A.1) 式は宇宙の大きさ R が時間とともにどう変わるかを記述する．R の時間変化は宇宙の密度と曲率と宇宙定数で決まる．左辺の $\dot{R}/R$ は単位長さあたりの膨張率と解釈できる．じつは，ハッブル定数 H_0 は現在の時刻（t_0 で表す）での $\dot{R}/R$ のことである．同様に，ある時刻での宇宙のハッブル「定数」は $H = \dot{R}/R$ で定義される．一般にハッブル定数は時間とともに変化するのである．(A.2) 式はエネルギー保存を意味する．

これらの方程式を解くには，定数 K と Λ の値に加えて，ρ と P の関係（物質の状態方程式）を与えればよい．状態方程式は物質の種類によって異なるため，物質の種類が変われば宇宙膨張のしかたも変わる[*1]．

我々の宇宙では，現在を含む大部分の時代で非相対論的な物質が卓越しているので，密度は $\rho \propto 1/R^3$ のように振舞う．つまり密度は体積に反比例する．身近な物質と同じである．また P は無視できる．ここで，非相対論的な物質とは，光の速度よりずっと遅い速度で運動する物質のことで，水素などの通常の物質も暗黒物質もこの条件を満たす．暗黒物質が非相対論的物質

[*1] 状態方程式を与えれば 2 つのフリードマン方程式は独立ではなくなり，一方だけを考えればすむ．

であることはいろいろな観測から支持されている．

ここで，密度パラメータ

$$\Omega_M \equiv \frac{8\pi G\rho(t_0)}{3H_0^2} \quad (A.3)$$

および，宇宙定数パラメータ

$$\Omega_\Lambda \equiv \frac{\Lambda c^2}{3H_0^2} \quad (A.4)$$

という2つの無次元量を導入する．

これらの無次元量とハッブル定数 H_0 を使って1番目のフリードマン方程式を書き直すと，

$$\left(\frac{\dot{R}}{R}\right)^2 = H_0^2 \left[\Omega_M \left(\frac{R_0}{R}\right)^3 - (\Omega_M + \Omega_\Lambda - 1)\left(\frac{R_0}{R}\right)^2 + \Omega_\Lambda\right] \quad (A.5)$$

が得られる．ここで R_0 は現在（t_0）の宇宙の大きさである．

フリードマン方程式には R は R/R_0 という比の形でしか含まれていないので，宇宙の大きさは好きなように定義できる．たとえば銀河系とかみのけ座銀河団の距離を R とみなしてもよい．その場合，フリードマン方程式は銀河系とかみのけ座銀河団の距離の時間発展を記述する．宇宙原理により，宇宙は場所によらず一様に膨張するので，銀河系とかみのけ座銀河団の距離の時間発展のしかたは宇宙のあらゆる場所で成り立つ．

上の式から宇宙の年齢も計算できる．$R/R_0 \equiv x$ とし，ビッグバンの瞬間が $x = 0$ であることに注意すると，宇宙が現在の大きさの x 倍の時点での年齢 t は

$$t = \frac{1}{H_0}\int_0^x \frac{x\,\mathrm{d}x}{\sqrt{x^2 + (1-x)\Omega_M x - x^2(1-x^2)\Omega_\Lambda}} \quad (A.6)$$

という積分で表せる．とくに $x = 1$ と置けば現在の宇宙の年齢が求まる．

このように，宇宙膨張は Ω_M, Ω_Λ, H_0 という3つの定数を与えれば完全に決まる[*2]．3つの定数のうち，Ω_M と Ω_Λ は膨張の時間発展を決定し，H_0 は宇宙の年齢の絶対値を決める（すなわち現在がいつなのかを指定す

[*2] 先に述べたように，ここでは宇宙は非相対論的な物質だけでできていると仮定している．

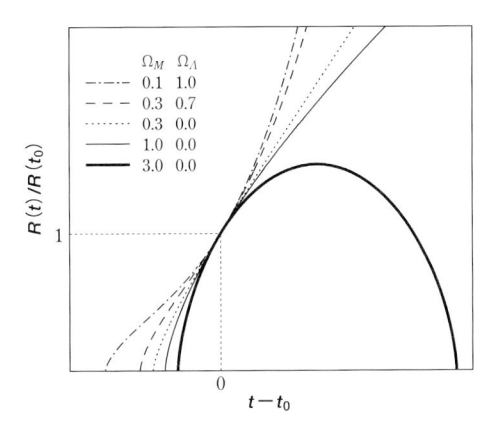

図 A.1 Ω_M と Ω_Λ の違いによる宇宙膨張の違い．ハッブル定数は共通の値を使っている．横軸は時刻（現在の宇宙年齢 t_0 を引いた値．したがって 0 が現在にあたる），縦軸は宇宙の大きさ（現在の大きさ $R(t_0)$ で規格化してある）．曲線が上に凸なら膨張は減速しており，下に凸なら加速している．どの宇宙も初めは膨張は減速しているが，$\Omega_\Lambda > 0$ の宇宙では途中で加速に転じる．この図から，現在の宇宙年齢 t_0 が Ω_M と Ω_Λ に依存する様子もわかる．t_0 は縦軸が 0 から 1 になるまでの時間である．ハッブル定数を固定したとき，現在の宇宙年齢は Ω_M が大きいほど小さく，Ω_Λ が大きいほど大きい．

る）．

宇宙膨張が Ω_M と Ω_Λ で決まる様子を図 A.1 に示す．物質は重力によって互いに引き合うため，宇宙の膨張を鈍らせる働きをする．Ω_M の大きな宇宙は物質密度が高いため，より強く減速する．$\Omega_\Lambda = 0$ で $\Omega_M > 1$ の宇宙は，ある時点で膨張をやめ，収縮に転じる．

宇宙定数は斥力のように働くため，Ω_Λ の大きな宇宙では，ある時点で宇宙定数の効果が物質の重力の効果に打ち勝ち，膨張が加速を始める．いったん加速膨張を始めると再び減速に戻ることはない．宇宙定数が 0 の宇宙ではつねに膨張は減速する．

フリードマン方程式から

$$\frac{\ddot{R}}{R} = -\frac{4\pi G}{3}\left(\rho + \frac{3P}{c^2}\right) + \frac{\Lambda c^2}{3} \tag{A.7}$$

という方程式が導ける．ここで $\ddot{R} \equiv \mathrm{d}^2 R/\mathrm{d}t^2$．右辺が正なら宇宙は加速膨張し（$\ddot{R} > 0$），負なら減速膨張する（$\ddot{R} < 0$）ことがわかる．

右辺第 1 項は物質の密度と圧力の寄与である．頭にマイナス記号が付い

ているので，物質は宇宙を減速させる方向に働く．右辺第2項は宇宙定数の寄与である．正の宇宙定数は膨張を加速させる方向に働くことがわかる．Ω_M と Ω_Λ の値が求まれば，この式から，宇宙が加速膨張を始めた時期を特定できる．

参考文献

（URL は，2008 年 1 月現在）

1 書籍

一般書

〈宇宙と銀河について〉

『人類の住む宇宙』（岡村定矩他編，シリーズ現代の天文学 1，日本評論社，2007）

『ものの大きさ：自然の階層・宇宙の階層』（須藤靖，UT Physics1，東京大学出版会，2006）

『暗黒宇宙の謎：宇宙をあやつる暗黒の正体とは』（谷口義明，講談社ブルーバックス，講談社，2005）

『宇宙 その始まりから終わりへ』（杉山直，朝日選書，朝日新聞社，2003）

〈宇宙と人間について〉

『広い宇宙に地球人しか見当たらない 50 の理由：フェルミのパラドックス』（スティーヴン・ウェッブ，松浦俊輔訳，青土社，2004）

『時間旅行者のための基礎知識』（リチャード・ゴット，林一訳，草思社，2003）

『宇宙を支配する 6 つの数』（マーティン・リース，林一訳，草思社，2001）

教科書

『宇宙論 I：宇宙のはじまり』（佐藤勝彦・二間瀬敏史編，シリーズ現代の天文学 2，日本評論社，2008）

『宇宙論 II：宇宙の進化』（二間瀬敏史・池内了・千葉柾司編，シリーズ現代の天文学 3，日本評論社，2007）

『銀河 I：銀河と宇宙の階層構造』（谷口義明・岡村定矩・祖父江義明編，シリーズ現代の天文学 4，日本評論社，2007）

『銀河 II：銀河系』（祖父江義明・有本信雄・家正則編，シリーズ現代の天文学 5，日本評論社，2007）

『宇宙の観測 I：光・赤外天文学』（家正則他編，シリーズ現代の天文学 15，日本評論社，2007）

『天文学への招待』（岡村定矩編，朝倉書店，2001）
『銀河系と銀河宇宙』（岡村定矩，東京大学出版会，1999）
『観測的宇宙論』（池内了，東京大学出版会，1997）
『宇宙科学入門』（尾崎洋二，東京大学出版会，1996）

2　ウェブ

国立天文台
　　http://www.nao.ac.jp
すばる望遠鏡
　　http://www.naoj.org
宇宙航空研究開発機構
　　http://www.jaxa.jp
スローン・ディジタル・スカイ・サーベイ
　　http://skyserver.nao.ac.jp
宇宙望遠鏡科学研究所（米国）
　　http://www.stsci.edu
東京大学大学院理学系研究科天文学専攻
　　http://www.astron.s.u-tokyo.ac.jp

引用文献

[1] http://www.nao.ac.jp/Subaru/hdtv/m87w.jpg

[2] http://cosmo.nyu.edu/hogg/rc3/NGC_2768_UGC_4821_irg.jpg

[3] http://www.naoj.org/Pressrelease/2000/06/M63_250.jpg

[4] http://hubblesite.org/gallery/album/galaxy_collection/pr2006010a/

[5] http://hubblesite.org/gallery/album/galaxy_collection/pr2005001a/

[6] http://hubblesite.org/gallery/album/galaxy_collection/pr2003028a/

[7] http://www.aao.gov.au/images/captions/uks014.html

[8] http://www.aao.gov.au/images/captions/uks017.html

[9] http://www.aao.gov.au/images/captions/aat007.html

[10] http://hubblesite.org/gallery/album/galaxy_collection/pr2002011a/

[11] http://hubblesite.org/gallery/album/galaxy_collection/pr2002021a/

[12] http://hubblesite.org/gallery/album/galaxy_collection/pr2006046a/

[13] http://hubblesite.org/gallery/album/galaxy_collection/pr2002022a/

[14] http://hubblesite.org/gallery/album/galaxy_collection/pr2003001a/

[15] http://www.astro.lu.se/Resources/Vintergatan/milkyway.gif

[16] http://www.atlasoftheuniverse.com/milkyway.html.

[17] http://www.naoj.org/Pressrelease/2004/02/SextansA_200.jpg

[18] http://www.naoj.org/Pressrelease/2000/06/M82_260.jpg

[19] http://map.gsfc.nasa.gov/m_ig/060913/CMB_ILC_Map150.png

[20] http://skyserver.sdss.org

[21] Sofue, Y. and Rubin, V., $ARAA$, **39**（2001), 137.

[22] Nakamura, O. $et\ al.$, AJ, **125**（2003), 1682.

[23] Roberts, M. S. and Haynes, M. P., $ARAA$, **32**（1994), 115.

[24] Courteat, S., AJ, **114**（1997), 2402.

[25] Bernardi, M. $et\ al.$, AJ, **125**（2003), 1817.

[26] Grebel, E. K. 1998, astro-ph/9812443. (Grebel, E. K. 1999, in IAU Symp. 192, The Stellar Contents of the Local Group)

[27] Wyse, R. F. G. $et\ al.$, $ARAA$, **35**（1997), 637.

[28] http://www.naoj.org/Pressrelease/1999/01/HCG40_300.jpg

[29] http://antwrp.gsfc.nasa.gov/apod/ap060321.html

[30] 理科年表ウェブページ. http://www.rikanenpyo.jp/kaisetsu/tenmon/img/rika-ast015fig1.jpg
[31] Tuly, R. B., *ApJ*, **257** (1982), 389.
[32] Geller, M. J. and Huchra, J. P., *Science*, **246** (1989), 897.
[33] http://spectro.princeton.edu/#plots
[34] http://www.sdss.org/gallery/gal_photos.html
[35] http://www.sdss.org/dr1/instruments/imager/index.html
[36] http://skyserver.nao.ac.jp/
[37] Zehavi, I. *et al.*, *ApJ*, **630** (2004), 1.
[38] Giovanelli, R. *et al.*, *ApJ*, **300** (1986), 77.
[39] Kenney, J. D. P. *et al.*, *AJ*, **127** (2004), 3361.
[40] http://www.naoj.org/Pressrelease/2002/04/ngc4388_m.jpg
[41] Moore, B. *et al.*, *ApJ*, **524** (1999), L19.
[42] Springel, V. *et al.*, *Nature*, **440** (2006), 1137.
[43] http://www.keckobservatory.org/images/gallery_pictures/9_47.jpg
[44] http://www.naoj.org/Gallery/tele_dome.html
[45] http://www.eso.org/esopia/images/html/phot-43a-99.html
[46] http://hubblesite.org/gallery/spacecraft/03/lg_web.jpg
[47] http://hubblesite.org/newscenter/archive/releases/2004/07/
[48] http://www.shokabo.co.jp/sp_radio/spectrum/radiow/window.htm
[49] http://hubblesite.org/newscenter/archive/releases/2003/01/image/b/
[50] 『日経サイエンス』1996年2月号.
[51] http://www.naoj.org/Introduction/j_instrument.html
[52] http://www.ifa.hawaii.edu/ifa/maps/summit_map.htm
[53] Hopkins, A. M., *ApJ*, **615** (2004), 209.
[54] Law, D. R., *et al.*, *ApJ*, **656** (2007), 1.
[55] http://www.naoj.org/Pressrelease/2006/11/20/j_index.html
[56] Matsuda, Y. *et al.*, *AJ*, **128** (2004), 569.
[57] Takagi, T. *et al.*, *PASJ*, **55** (2003), 385.
[58] http://hubblesite.org/newscenter/archive/releases/2006/26/image/a/
[59] Smail, I. *et al.*, *MNRAS*, **331** (2002), 495.
[60] Smail, I. *et al.*, *ApJ*, **616** (2004), 71.
[61] White, R. L. *et al.*, *AJ*, **129** (2005), 2102.
[62] Häring, N. and Rix, H.-W., *ApJ*, **604**, L89 (2004) 604.
[63] Wolfe, A. M. *et al.*, *ARAA*, **43** (2005), 861.

[64] Ouchi, M. *et al.*, *ApJ*, **635** (2005), L117.
[65] Shimasaku, K. *et al.*, *ApJ*, 605 (2004), L93.
[66] http://www.naoj.org/Pressrelease/2003/03/sdf_press_h.jpg
[67] Fan, X. *et al.*, *ARAA*, **44** (2006), 415.
[68] http://www.naoj.org/Pressrelease/2006/09/13/index.html
[69] http://www.jwst.nasa.gov/images/sat_hires.jpg
[70] http://www.ir.isas.ac.jp/SPICA/index.html
[71] http://www.tmt.org/gallery/index.html
[72] http://www.eso.org/projects/e-elt/Images/E-ELT_BRD200612.jpg
[73] http://www.nro.nao.ac.jp/alma/J/Images/ALMA_B.jpg

索 引

[ABC]

ALMA　98, 115, 143, 145
Arp220　112, 113
$B-V$　38
CCD　53
CMB　13
COBE　15
Cold Dark Matter　→　冷たい暗黒物質
E-ELT　143, 145
FOCAS　96
Hyper Suprime-Cam　96
IMF　103
JWST　142
MOIRCS　96
NGC1300 銀河　4
NGC2768 銀河　3
QSO　→　クェーサー
S0 銀河　28
SDF　124
SDSS　26, 52, 53
SPICA　142, 144
Suprime-Cam　95
SXDF　124
TMT　143, 144
VLT　85
WMAP　14, 15

[ア 行]

あかり　92
アキシオン　66
アタカマ砂漠　98
アパッチポイント天文台　53
天の川　1, 2
泡構造　51
暗黒エネルギー　11, 65, 138
暗黒銀河　133
暗黒物質　11, 29, 49, 65
アンデス山脈　98
アンドロメダ銀河　46
いて座矮小銀河　46, 47
色　37, 38
インフレーション　45
　──モデル　15
うお座-ペルセウス座超銀河団　58
渦巻銀河　23, 25, 26
渦巻腕　1, 25, 32
宇宙原理　63
宇宙定数　64, 65
　──パラメータ　64, 148
宇宙の暗黒時代　127, 129
宇宙の再電離　127, 130
宇宙の晴れ上がり　127, 128
宇宙マイクロ波背景放射　→　CMB
エイベル1689 銀河団　8, 58
X 線　48
　──望遠鏡　92
エドウィン・ハッブル　12
エネルギーフラックス　32
遠紫外　102
岡村定矩　95
おとめ座銀河団　48
音叉図　25
温度ゆらぎ　14

[カ　行]

回折限界　107
回転速度　42
隠された星形成　114
角分解能　107
可視　33
柏川伸成　124
ガス　39
　　——の冷却　78
カセグレン焦点　96
加速膨張　64, 149
活動銀河核　92, 116
かみのけ座銀河団　23, 48, 50, 59
観測所プロジェクト　124
観測選択効果　70
感度曲線　33
ガンマ線バースト　135
吸収線系　118
狭帯域バンド　91
共同利用　100
局所銀河群　25, 46, 47
局所超銀河団　49
曲率　65
銀河群　45, 46
銀河系　2, 23
銀河団　2, 8, 45, 46
銀河の合体　79
近赤外　33
クェーサー　115
クラスタリング　119
軽元素合成　67
計算機シミュレーション　75
形態分類　24
ケック望遠鏡　84, 85
原始ガス　67, 135
減速膨張　149
ケンタウルスA銀河　6

後退速度　57, 68
降着円盤　116
公転速度　29
光度関数　23, 31, 36
光年　36
国立天文台岡山天体物理観測所　84
コンパクト銀河群　46

[サ　行]

サブハロー　75
サブミリ波　111
　　——銀河　113, 114
残存自由電子　136
ジェミニ北　85
ジェミニ南　85
紫外線　80
次世代望遠鏡　137, 141
質量関数　37, 73, 74
　　初期——　102, 103
視野　95
重元素　40
　　——の合成　79
重水素　67
重力束縛系　50, 71
重力レンズ　93
　　——効果　93
主焦点　95
　　——カメラ　95
種族 I　136
種族 II　136
種族 III　135, 136
焦点　95
小マゼラン雲　5, 46
真の明るさ　34
水素の束縛エネルギー　130
スウィフト　92
すざく　92
すばる/XMN ニュートンディープフ

ィールド → SXDF
すばるディープフィールド → SDF
すばる望遠鏡　1, 20, 84, 85
スピッツァー　92
スペクトル　32
スローン・ディジタル・スカイ・サーベ
　　イ → SDSS
関口和寛　124
赤方偏移　17, 66, 68
絶対等級　32, 35
早期型銀河　28
速度分散　43

　　　　[タ　行]

大規模構造　16, 45, 50, 52
大マゼラン雲　5, 46
太陽　23
ダウンサイジング　116
楕円銀河　23, 25
ダークハロー　72, 119
ダスト　21, 27, 92, 111, 112
多天体ファイバー分光器　54
多波長観測　92
地球　23
　　──大気の透過率　92, 93
チャールズ・スタイデル　123
中性状態　21
中性度　130
超銀河団　49
超新星　40, 79
超大質量ブラックホール　80
冷たい暗黒物質　30, 65
ディスク　27
電離ガス　48
電離紫外線　80, 130
電離状態　15, 21, 78
電離度　129
等価幅　110

等級　23, 31, 32
東京大学マグナム観測所　84

　　　　[ナ　行]

内部運動　37, 42
2点相関関数　55
ニュートラリーノ　66
人間原理　70
年周視差　36

　　　　[ハ　行]

パーセク　36
ハッブル宇宙望遠鏡　1, 20, 85
ハッブル・ウルトラ・ディープ・フィー
　　ルド　87, 88
ハッブル系列　24, 107
ハッブル定数　57, 64, 148
ハッブルの形態分類　24
ハッブルの法則　25, 44, 57
バリオン　66, 76
バルジ　27
ハロー　27
晩期型銀河　28
バンド　33
　　──パス　33
ヒクソンのコンパクト銀河群　48
ビックバン　13
　　──宇宙論　63
兵庫県立西はりま天文台公園　84
ビリアル平衡　44
不規則銀河　27
ブラックホール　116
フラットローテイション　30
フリードマン方程式　63, 147
分光　54
　　──観測　57
ヘリウム　67
ボイド　50

放射冷却　31, 69, 78
星形成　1
　——率　101
　——率密度　105
星の種族　136
　——合成　103
補償光学　109
ボトムアップ　72
ホビー・エバリー　85

［マ　行］

マウナケア山　98
密度のコントラスト　71
密度パラメータ　64, 148
密度波理論　32
密度ゆらぎ　14, 71
メガパーセク（Mpc）　36
メシエ31　25
メシエ33　25
メシエ63銀河　3
メシエ82銀河　10
メシエ87銀河　3
メシエ101銀河　4
メシエ104銀河　4
木星　23

［ヤ　行］

ヨーロッパ南天文台　85
4000 Å ブレーク　89

［ラ　行］

ライマン α 輝線　91, 110
　——銀河　122
ラインマンブレーク　89
ラパルマ山　98
力学時間　78
リチウム　67
冷却時間　78
レーザーガイド補償光学　109
レンズ状銀河　28
ろくぶんぎ座矮小銀河　10

著者略歴

嶋作一大（しまさく・かずひろ）
　1966 年　富山県に生まれる．
　　　　　東京大学大学院理学系研究科天文学専攻博士課程中途退学．
　現　在　東京大学大学院理学系研究科天文学専攻准教授．理学博士．
　主要著書　『天文の事典』（分担執筆，朝倉書店，2003），
　　　　　　『物理データ事典』（分担執筆，朝倉書店，2006），
　　　　　　『天文学大事典』（分担執筆，地人書館，2007），
　　　　　　『銀河 I：銀河と宇宙の階層構造』（分担執筆，日本評論社，2007）．

銀河進化の謎　宇宙の果てに何をみるか　　UT Physics 4
　　　　　2008 年 3 月 10 日　初　版

［検印廃止］

　著　者　嶋作一大
　発行所　財団法人　東京大学出版会
　　　　　代表者　岡本和夫
　　　　　113-8654 東京都文京区本郷 7-3-1 東大構内
　　　　　電話 03-3811-8814　Fax 03-3812-6958
　　　　　振替 00160-6-59964
　　　　　URL http://www.utp.or.jp/
　印刷所　大日本法令印刷株式会社
　製本所　誠製本株式会社

ⓒ2008 Kazuhiro Shimasaku
ISBN 978-4-13-064103-6 Printed in Japan

Ⓡ〈日本複写権センター委託出版物〉
本書の全部または一部を無断で複写複製（コピー）することは，
著作権法上での例外を除き，禁じられています．本書からの複
写を希望される場合は，日本複写権センター（03-3401-2382）
に御連絡ください．